BERLINER GEOGRAPHISCHE ABHANDLUNGEN

Herausgegeben von Jürgen Hövermann, Georg Jensch, Hartmut Valentin, Wilhelm Wöhlke

Schriftleitung: Dieter Jäkel

Heft 17

Hans-Joachim Pachur

# Geomorphologische Untersuchungen im Raum der Serir Tibesti ⟨Zentralsahara⟩

Arbeit aus der Forschungsstation Bardai/Tibesti

(39 Photos, 16 Figuren und Profile, 9 Tabellen)

Geographisches Institut
der Universität Kiel
ausgesonderte Dublette

Geographisches Institut
der Universität Kiel
Neue Universität

1974

Im Selbstverlag des Institutes für Physische Geographie der Freien Universität Berlin
ISBN 3-88009-016-5

Als Habilitationsschrift auf Empfehlung des Fachbereichs 24, Geowissenschaften,
der Freien Universität Berlin
gedruckt mit Unterstützung der Deutschen Forschungsgemeinschaft.

# Inhalt

|  |  |  |
|---|---|---|
|  | Vorwort | 6 |
| 1. | Einleitung | 7 |
| 2. | Die allochthonen fluvialen und limnischen Sedimente im Raum der Serir Tibesti und Serir Calanscio | 9 |
| 2.1 | Die rezente fluviale Akkumulation | 9 |
| 2.2 | Geologisch-petrographische Übersicht | 9 |
| 3. | Die fossilen Akkumulationen I, II, III | 11 |
| 3.1 | Die „jüngeren" Alluvionen | 11 |
| 3.2 | Die „älteren" Alluvionen | 14 |
| 3.3 | Die Alluvionen im Wadi Behar Belama | 19 |
| 3.4 | Die „ältesten" (rotverwitterten) Alluvionen | 23 |
| 4. | Die limnischen Sedimente im Raum der Serir Tibesti | 25 |
| 5. | Die vorgeschichtlichen Zeugnisse | 31 |
| 6. | Versuch einer zeitlichen Einordnung der im Raum der Serir Tibesti und Serir Calanscio verbreiteten fluvialen und limnischen Sedimente | 33 |
| 6.1 | Bemerkungen zum prä-alluvialen Relief | 40 |
| 7. | Versuch einer Abschätzung der Niederschlagshöhen für das Ye-Ba-Eg-Flußsystem | 41 |
| 8. | Die rezente Formung im Untersuchungsgebiet | 43 |
| 8.1 | Der akkumulative äolische Formenschatz | 44 |
| 8.2 | Die abtragende Wirkung des Windes | 45 |
| 9. | Zusammenfassung | 51 |
|  | Summary | 52 |
|  | Résumé | 54 |
|  | الخلاصة | 56 |
| 10. | Literaturverzeichnis | 59 |

# Vorwort

Im Zusammenhang mit den Forschungsarbeiten der Außenstation des Geomorphologischen Laboratoriums der Freien Universität Berlin im Tibestigebirge war es möglich, die Serir Tibesti im Frühjahr 1967 zu queren und — anschließend an sediment-analytische Untersuchungen im nördlichen Tibestigebirge im Jahre 1964/65 — den Ansatz für die Fragestellung nach quartären Feuchtphasen im Raum der Serir Tibesti zu gewinnen. Es folgten drei Reisen in den Jahren 1968 bis 1971, die bis in die Serir Calanscio ausgedehnt werden mußten.

Die Arbeiten wurden durch mancherlei Schwierigkeiten behindert. Daß sie trotzdem durchgeführt werden konnten, verdanke ich den Kollegen von der Universität Libya, den Geologen von der Oasis Oil company und Wintershall, der Deutschen Botschaft in Tripoli und dem Einsatz der Teilnehmer an den Forschungsreisen. Nicht zuletzt sei den Tubus Alahi, Bogar und dem Goran Mahamad gedankt.

Den Mitarbeitern des II. Geographischen Instituts der Freien Universität Berlin schulde ich Dank für Hilfe und klärende Diskussionen.

Der Deutschen Forschungsgemeinschaft bin ich für eine Reisebeihilfe und ein Stipendium verpflichtet.

Mein besonderer Dank gilt Herrn Professor HÖVERMANN, der durch Rat und helfende Kritik die Arbeit förderte.

# 1. Einleitung

Aus den Bereichen südlich des Tibestigebirges liegen über die Existenz feuchtzeitlicher Formungsphasen — verbunden mit der Ausbildung eines Binnenmeeres — bereits seit NACHTIGAL (1889) zahlreiche Befunde vor.

Nördlich des Gebirges, im Raum der Serir Tibesti, wurde dagegen von MECKELEIN (1959) ein Wüstenkernraum abgegrenzt. Die Untersuchung mündet in die Aussage:

„Das Innere des Raumes aber verharrte stets im ariden bis hochariden Zustand. So überdauerte hier die Wüste als solche die klimageschichtlichen Episoden der Sahara seit dem Tertiär bis heute" (MECKELEIN, 1959, S. 134).

DESIO (1942) hatte die Serir Tibesti als einen großen Schwemmfächer gedeutet.

FÜRST (1966) legte eine nähere Materialbeschreibung dieser Sedimente vor und bestätigte die Deutung als fluviale Ablagerung.

Offen blieb die Frage nach der Altersstellung der Sedimente und ihrer räumlichen Verbreitung und damit verbunden das Problem eines Wüstenkernraumes, dessen Existenz auch von MACHATSCHEK (1955, S. 185) vermutet wurde.

CAPOT-REY (1960) bezweifelt aufgrund allgemeiner Überlegungen die Existenz eines Wüstenkernraumes.

Dieser Begriff wird für den Bereich der Serir Tibesti verstanden als ein seit dem Tertiär arider Raum. Die Hauptargumente dafür sind das Fehlen fossiler Formen, der endorheische Zustand, die Ausbildung von Staubböden — zu deren Entstehung große Zeiträume angenommen werden — und die in der Gegenwart gegenüber einer „mikrofluviatilen" Formung zu vernachlässigende Windwirkung (nach MECKELEIN, 1959).

Hier wurde der Ansatzpunkt für weitere Untersuchungen gesehen, zumal MECKELEIN seine Untersuchungen südlich 24° 30' N aus expeditiven Gründen abbrechen mußte.

Aufbauend auf den detaillierten Befunden MECKELEINs aus dem nordwestlichen Teil der Serir Tibesti, den Untersuchungen DESIOs (1942, 1943) und den sedimentanalytischen und geologischen Arbeiten von FÜRST (1965, 1966, 1968, 1970) wurden die Untersuchungen unter der Fragestellung nach der Existenz eines Wüstenkernraumes angesetzt.

Im Laufe der Arbeiten ergab sich die Notwendigkeit, das Untersuchungsgebiet auszuweiten, es ist in Figur 1 dargestellt.

Die Serir Tibesti wird von Gebirgen umrahmt (Fig. 1), im Westen von Djebel Ben Ghnema und Dor el Gussa, im Osten vom Djebel Eghei mit Höhen von maximal 2200 m und im Norden von den Ausläufern des Djebel Harudj und der Dor el Beada; nur im Nordosten grenzt sie an tiefer liegendes Gelände, welches von der Rebiana Sandsee eingenommen wird. Im Süden erhebt sich das Tibestigebirge mit Höhen von mehr als 3300 m, nur mit dem Hoggar vergleichbar, welches auf etwa gleicher Breite wie die Serir Tibesti liegt. Die Serir Calanscio leitet im Norden zur Mittelmeerküste über, im Westen wird sie vom Erg von Zelten, im Osten von den Ausläufern des Erg von Giarabub (Calanscio-Sandsee) und im Süden vom Erg von Rebiana begrenzt.

Das Untersuchungsgebiet fällt in Nordostrichtung über eine Distanz von ca. 800 km von etwa 700 m ü. M. auf ca. 50 m ü. M.

Die Serir Calanscio lag weniger abseits der Karawanenwege als die Serir Tibesti und wurde schon früh von Forschern gequert, von G. ROHLFS (1880, 1881), HASSANEIN BEI MOHAMMED (1923, 1926) und anderen. In den dreißiger Jahren dieses Jahrhunderts setzte mit den Expeditionen von MONTERIN (1932), DI CAPORIACCIO (1934) und DESIO (1935, 1939) die moderne Erforschung ein, die Ende der fünfziger Jahre mit der Entdeckung der Erdölvorkommen in der Syrte und der Ausweitung der Exploration nach Süden in ein neues Stadium trat. Ein Großteil dieser Arbeiten blieb aber unveröffentlicht. Hervorzuheben für die Fragestellung ist die Arbeit von DI CESARE et al. (1963), in welcher ein fossiles Flußsystem unter dem Erg von Giarabub nachgewiesen wird. Hinweise auf weitere Zeugen fossiler fluvialer Aktivität im Untersuchungsgebiet wurden 1931 von DESIO und KANTER (1965) gegeben.

In der älteren Literatur findet sich eine interessante Angabe bei KING (1913), wonach ein altes Flußbett, aus dem Tibesti kommend, die Serir Calanscio quert, um durch „Djarabub" und „Ssuah" nilwärts zu ziehen.

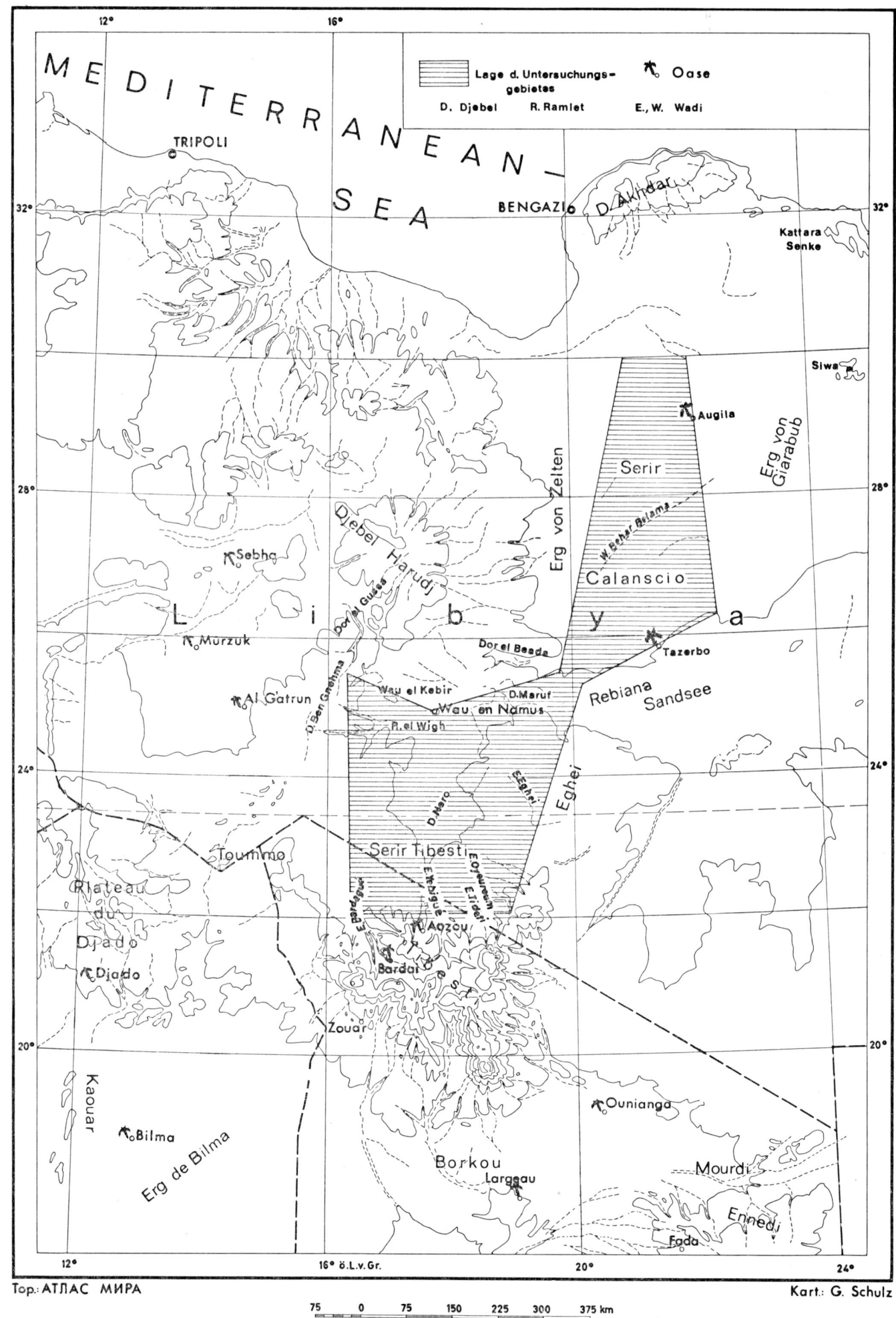

Fig. 1   Lage und Begrenzung des Arbeitsgebietes

## 2. Die allochthonen fluvialen und limnischen Sedimente im Raum der Serir Tibesti und Serir Calanscio

*2.1 Die rezente fluviale Akkumulation*

Im Norden des Tibesti verlieren sich die beiden episodisch wasserführenden Enneris Bardagué und Yebigué in einem Netz kleinster Gerinne in den aus Schluff und Tonabsätzen bestehenden sogenannten Endpfannen. Es handelt sich um weitgespannte Ton-Schluffpfannen mit linienhaft angeordneten Tamarisken, die in die randlich anschließende Fläche eingesenkt sind, sie fächern sich nach Norden in mehrere Seitenarme auf. Dichte Krautfluren ergeben gute Kamelweiden, worauf im Yebigué-Bereich der Name Ziri Gobou (Tedaga: „Weidegebiet") hinweist.

Die Sedimente der rezenten Endpfanne bestehen aus sehr fein geschichtetem Schluff mit dünnen Tonlamellen, die den Abschluß jeder Sedimentationsphase markieren. Vereinzelte Zwischenlagen von fluvial transportiertem Feinsand belegen stärkere Wasserabkommen. In Gebirgsnähe gibt es einige Aufschlüsse, die Schätzungen der Mächtigkeit der schluffigen Akkumulationen auf über 4 m gestatten. Die distalen Bereiche der Endpfanne werden zusätzlich zum nach Nordost gerichteten Gefälle durch die Deflation tiefer gelegt. Der Deflationsabtrag ist dort größer als die rezente Akkumulation von schluffigen Stillwassersedimenten, wie aus den Deflationswannen und aus den freigewehten und an der Oberfläche korradierten vorgeschichtlichen Zeugnissen hervorgeht. Im Norden und Osten wird die Endpfanne des Yebigué durch mehrere parallele, eine relative Höhe von 2,50 m erreichende Wälle abgegrenzt. Sie bestehen im wesentlichen aus glimmerreichem, fluvial transportiertem Feinsand, in welchem vereinzelt Grobkiese auftreten. An der Oberfläche sind die Kiese durch die selektiv arbeitende Deflation angereichert und bilden ein lückenhaftes Steinpflaster. Die Wälle sind älter als die rezente Akkumulation, denn gegenwärtig wird Material dieser Korngröße erst einige Zehner von Kilometern talaufwärts in den Mittel- und Hochwasserakkumulationen der Enneris sedimentiert. Rezent gelangt nur ein schluffiges bis toniges Feinmaterial in die Vorlandzone des Gebirges, welches als Schweb und Trüb mitgeführt werden kann.

Von den beiden großen, auf der Nordabdachung des Tibesti fließenden Enneris reicht der Yebigué mit den letzten Ausläufern seiner rezenten Endpfanne bis etwa 10 km südlich des 23. Breitenkreises am weitesten nach Norden und verspricht deshalb den besten Ansatzpunkt für die Verfolgung der fossilen Akkumulationen im Raume der Serir Tibesti; unter der Voraussetzung, daß die Akkumulationen auf der Serir Tibesti in Verlängerung der gegenwärtig existierenden Talzüge aus dem Gebirge heraustransportiert wurden. Deshalb wurden von der rezenten Yebigué-Endpfanne ausgehend mehrere quer und längs zur Hauptabdachung verlaufende Profile (s. Figur 2, Anlage) gelegt.

Die Querprofile ergaben:
Die rezente Endpfanne des Yebigué wird im Osten und Westen von grobkiesigen Akkumulationen begleitet, in welche sie in Form eines Ästuars eingesenkt ist.
Für die Lockersedimente auf der Serir Tibesti ergibt sich das Problem, ob sie allochthone Akkumulationen oder lediglich Zerfalls- und Umlagerungsprodukte des örtlich Anstehenden sind. Daher muß hier zunächst auf den geologischen und insbesondere petrographischen Aufbau des Gebietes kurz eingegangen werden.

*2.2 Geologisch-petrographische Übersicht*

Die folgenden Ausführungen stützen sich für das Tibesti auf die Arbeiten von WACRENIER (1956, 1958), VINCENT (1963, 1970), KLITZSCH (1965), auf DESIO (1943), LELUBRE (1946), HECHT et al. (1963) und FÜRST (1966, 1968) für den Djebel Eghei und die Serir Tibesti, auf DESIO (1935, 1939), KLITZSCH (1970) für die Serir Calanscio, sowie schließlich auf die geologische Karte von Libyen (CONANT und GOURDAZI, 1964) und eigene Feldbefunde.
Die Nordabdachung des Tibesti wird im wesentlichen vom Präkambrium — dem sogenannten „Tibestien inférieur" und „Tibestien supérieur" — eingenommen.
Ersteres besteht aus einer Vielzahl mesozonaler Metamorphite, sie sind zur Basis hin migmatisiert und von Dioriten bis Kalkalkaligraniten durchsetzt (WACRENIER, 1956). Die metamorphen Serien bestehen in erster Linie aus Quarzit, Glimmerschiefer, Amphibolschiefer und Gneis. Das „Tibestien supérieur" nimmt einen größeren Raum im Norden des Tibesti ein und grenzt nach Norden an eozäne Sedimente. Das „Tibestien supérieur" beginnt mit einem Basiskonglomerat, in welchem fast alle Gesteine des „Tibestien inférieur" enthalten sind. Charakteristisch sind für diese Serie schwach metamorphe, häufig grobe Sandsteine und Arkosen, die mit teilweise feinsandigem und selten karbonatischem Schiefer wechsellagern (KLITZSCH, 1965).
Nach einer schwachen Faltung dieser Serie intrudierten zahlreiche Granitkörper. An sie sind Aplit- und Pegmatitgänge gebunden. Gänge von Quarziten sind zu Inselbergen — im nördlichen Vorland z. B. Ehi Arayé und Garako Karamo — herauspräpariert.
Im Kambroordovizium, welches die West- und Ostflanke der Tibesti-Nordabdachung bildet, kommen hauptsächlich mittel- bis grobkörnige Sandsteine vor, die Kaolinit, Feldspat und Eisenmanganhartkrusten enthalten. Von Bedeutung für die Lockersedimente auf der Serir Tibesti ist, daß hier bereits gut gerundete Quarzkiesel vorliegen.
Während der Übergang vom Tibestigebirge zu der eozänen Transgressionsfläche im Norden fast unmerklich vor sich geht, bildet der Djebel Eghei eine meridional

verlaufende Gebirgsfront von isolierten, langgestreckten Sandsteinkomplexen (Kambroordovizium), die kulissenartig gestaffelt sind.

Die paleozäne Transgression nach Süden fand etwa die heutige räumliche Konfiguration auf der Nordabdachung des Tibesti vor, die sich bereits in der Kreide ausgebildet hatte (KLITZSCH, 1970). Im Untereozän zog sich das Meer aus dem Tibestivorland nach Nordosten zurück und hinterließ geringmächtige, karbonatische, mergelige und evaporitische Sedimente (FÜRST, 1968, KLITZSCH, 1970).

Die vulkanischen Serien:

Diese petrographische Gruppe, hauptsächlich seit dem frühen Tertiär gefördert, wurde von VINCENT (1970, S. 304) wie folgt untergliedert:

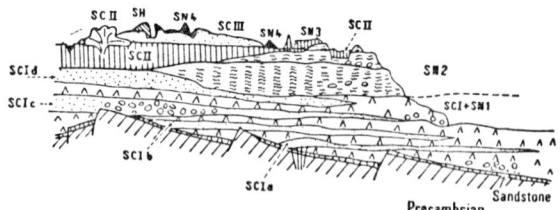

Fig. 2 A schematic section of the Tibesti volcanic formations. SN, Black Series (basalts and andesites): SN1, plateau vulcanism; SN2, Hawaiian shield vulcanism; SN3 and SN4, Recent vulcanism. SC, Pale Series (ignimbrites and rhyolites): SCI, II and III, lower, middle and upper series respectively. SH, Final Hybrid Series (trachyandesites dominant).

| Volcanic series * | Surface area in km² | Volume in km³ | Volume % | | Average value for $SiO_2$ % |
|---|---|---|---|---|---|
| SH | 380 | 38 | 1·2 | | 58·6 |
| SN3-SN4 | 1,400 | 25 | 0·8 | | 46·5 |
| SC (I, II, III) | 14,730 | 1,150 | 37 | | 72 |
| SN2 | 4,500 | 900 | 29 | 25 | 50·2 |
| | | | | 4 | 58·4 |
| SN1 | 10,000 | 1,000 | 32 | | 46·2 |
| Total, 3,100 approx. | | | | | |

* SN, Black Series (basalts, andesites); SC, Pale Series (ignimbrites, rhyolites); and SH, Hybrid Series (trachyandesites predominant).

Fig. 3 (VINCENT, 1970, S. 304)

Nach WACRENIER (1958) ist eine ältere Periode vulkanischer Tätigkeit tertiären Alters von einer jüngeren, ins Quartär gehörenden, zu unterscheiden. Zu der älteren Periode gehören neben basischen Intrusiv- und Effusivgesteinen Labradorit-Basalte und Andesite; wie aus Figur 3 (nach VINCENT, 1970) hervorgeht, auch helle vulkanische Gesteine.

Die jüngere Periode wird von der älteren durch eine Haupterosionsperiode geschieden (WACRENIER, 1958), in der die großen Täler des Tibesti entstanden („grand creusement des vallées").

Die jüngere Periode vulkanischer Tätigkeit förderte weniger Material als die ältere, bildet aber heute die großen Vulkane des Tibesti, während die älteren Vulkane meist nur noch an gewaltigen Schlotruinen zu erkennen sind.

Zu Beginn der jüngeren Periode wurden überwiegend helle und morphologisch weiche Gesteine von trachytischer bis rhyolithischer Zusammensetzung gefördert. Schon jetzt sei vorweggenommen, daß auf der Serir Tibesti über 30 cm große Schotter aus hellen Vulkaniten gefunden wurden. Da aber, wie ersichtlich, auch in der älteren Phase Ignimbrite gefördert wurden, ist eine strenge zeitliche Korrelation nicht unmittelbar möglich. Schluchtförmige Täler zerschneiden die hellen Vulkanitdecken, die ihre größten Mächtigkeiten auf den Tarsos am Ehi Toussidé und dem Tarso Voon entfalten (Typ: shield sheets/boucliers-nappes).

Jünger ist die Förderung von Basaltlava (SN 3 und SN 4), die häufig in Tälern abgeflossen ist und teilweise **schluchtartig erodiert wurde.**

Noch jünger sind die Block-Cinerite, die beim Entstehen des Trou au Natron am Toussidé sowie am Emi Koussi gefördert wurden.

Die Basalte des Djebel Eghei (SN 1 a nach VINCENT, 1963) und des Djebel Harudj sind petrographisch nicht sicher zu unterscheiden, sie gehören zu den alkalischen Basalten (VINCENT, 1970). Saure Vulkanite aber sind nur aus dem Tibestigebirge bekannt. „Rhyolitic volcanic rocks are present only in the interior of Tibesti ..." (VINCENT, 1970, S. 316).

LELUBRE (1950) erwähnt präkambrische Rhyolithe aus dem südlichen Eghei, welche als Schotter vom Enneri Kemé in den Raum der Serir Tibesti transportiert worden seien.

Nach KLITZSCH (1967) sind die Vulkanite der Harudj ausschließlich basisch. Untersuchungen der Alluvionen am Ostrand der Harudj erbrachten ebenfalls keinen Hinweis auf das Vorkommen saurer Vulkanite.

Das Alter der Eghei-Basalte entspricht nach LELUBRE (1946, 1952) den ältesten Basalten des Tibesti. Die SN-1-Serie wurde jüngst an zwei Proben, Nähe Tarso Ourari, absolut datiert zu 8.4 MJ ± 1,4 und 7.9 MJ ± 0,9, d. h., etwa oberes Miozän (MALEY et al., 1970).

**In der Serir Tibesti gehört die Entstehung des Kraters von Wau en Namus** (KNETSCH, 1950; PFALZ, 1934; PILLEWIZER und RICHTER, 1957) in die jüngste Phase des Vulkanismus, nach KLITZSCH (1967) fällt die Eruption wahrscheinlich noch in geschichtliche Zeit. Die geförderte basaltische Asche — meist Feldspatbasalt mit deutlichem $SiO_2$-Unterschluß (ENGEL und BAUTSCH, 1963) — bestreitet einen beträchtlichen Anteil am Aufbau der Flugsanddecke und der Polygonnetzverfüllungen im Raum der Serir Tibesti.

Im Djebel Harudj gehören die jüngsten Basaltströme ebenfalls dem Holozän an (KLITZSCH, 1967). Eine der ältesten dortigen Basaltdecken ergab nach K-Ar-Bestimmung ein jungpliozänes Alter (PESCE, 1966).

Die im Raume der Serir Tibesti häufig auftretenden Basaltströme kleineren Umfanges sind in ihrer Altersstellung unsicher. Jedenfalls sind sie jünger als die tertiären Sedimente, die sie durchstoßen. Diese marinen Ablagerungen des Tertiär sind am Nordwestrand der Endpfanne des Yebigué und nordöstlich der Bardagué-Endpfanne aufgeschlossen. Sie liegen in einer absoluten Höhe von ca. 600 m ü. M. und wurden während der unter- bis mitteleozänen Transgression sedimentiert (FÜRST, 1968). Sie bestehen in der Hauptsache aus bunten Tonsteinen mit Mergelzwischenlagen sowie in den oberen Lagen aus Kalk und Gips. Der im Djebel Nero neben den marinen Sedimenten anstehende Sandstein ist grobkörnig, aber frei von Konglomerathorizonten; ob er zu dem Eghei-Sandstein von DALLONI (1934) und DESIO (1943) gehört, ist unbestimmt.

Im Nordosten wird die Serir Tibesti von der über 100 km langen Schichtstufe der Dor el Beada begrenzt. Es handelt sich um eine Abfolge graugrüner Tonsteine mit Gipslagen und Silthorizonten, die nach oben in eine feinkörnige bis konglomeratische Sandsteinschicht des Oligozän übergehen. In den Konglomerathorizonten kommen überwiegend gutgerundete Quarzkiesel vor, Basementmaterial fehlt. Die Landterrasse der Dor el Beada vermittelt zur Serir Calanscio. Das Anstehende im Raum der Serir Calanscio besteht aus feinkörnigem, kalkhaltigem Sandstein und dünnbankigen Kalken.

Aus dem kurzen geologischen Abriß folgt, daß die Grundvoraussetzung für die Ansprache der Alluvionen im Raume der Serir Tibesti und Serir Calanscio als allochthone Sedimente deshalb erfüllt ist, weil nur aus den Gebirgsmassiven kristalline und bestimmte vulkanische „Leitgesteine" stammen können und somit in dem überwiegend aus marinen Sedimenten aufgebauten Vorland als Fremdmaterial identifizierbar sind.

Da sich die Serir Tibesti und die Serir Calanscio vom Tibesti nach Norden bzw. Nordosten abdachen, ist der Transportweg vorgezeichnet.

Gegenläufige tektonisch verursachte Störungen sind nicht zu erwarten; die Absenkungstendenz der großen Syrteeinmuldung ist seit dem Eozän nicht in eine gegenteilige Bewegung umgeschlagen. Die Küstenlinie des Miozänmeeres lag im Bereich der Serir Calanscio bei 27° N. Im Pliozän wurde die heutige Küstenlinie etwa erreicht. Die Absenkung des Augila-Troges hat bis in das Quartär angehalten (KLITZSCH, 1970).

## 3. Die fossilen Akkumulationen I, II und III

In den folgenden Ausführungen wird auf Figur 2, Anlage, verwiesen.

Die Termini „jüngere", „ältere" Akkumulation orientieren sich an folgenden Unterschieden der Sedimente, die hier eingangs erörtert werden, um die räumliche Verbreitung der Alluvionen unter Verwendung feststehender Begriffe einfacher beschreiben zu können.

1. Die „jüngeren" Alluvionen enthalten neben der Quarzkorndominanz einen hohen Anteil an Glimmer und Basalt. Der Unterschied ist makroskopisch sichtbar, er wird von FÜRST (1966) als auffälliges Merkmal der im Süden der Serir Tibesti liegenden Alluvionen bereits erwähnt.

2. In den „älteren" Alluvionen ist eine Feinmaterialverkleibung der Vertiefungen auf der Kornoberfläche charakteristisch. Die röntgenographische Bestimmung ergab gut auskristallisierten Kaolinit neben einer Vormacht an Montmorillonit und Illit sowie verschiedentlich Mixed-layer Mineralien. In diesem Zusammenhang ist wichtig festzustellen, daß in den Bindemitteln des Sandsteins aus dem Unterlauf des Yebigué (Tarr) der Tonmineralgehalt überwiegend aus Kaolinit besteht (HABERLAND frdl. mündl. Mitt.).

In den „jüngeren" Alluvionen dagegen fehlt die Silt- und Tonmatrix auf den Kornoberflächen. Die Vergleiche beziehen sich auf Material, welches in einer Tiefe von mindestens 1 m entnommen wurde.

3. An der Erdoberfläche ist der Unterschied prägnant durch die Ausbildung von Trockenpolygonrissen in dem feinmaterialreicheren, oberen Horizont der „älteren" Alluvionen gegenüber den „jüngeren" gegeben. Hierin drückt sich der bei den älteren Alluvionen höhere Tongehalt (überwiegend Montmorillonit und Illit) aus.

4. Der abweichende Mineral- und Feinmaterialgehalt kommt in der unterschiedlichen Farbe zum Ausdruck. Die „jüngeren" Alluvionen weisen Farbwerte (trocken) von 10 YR 6/3-6/2 (pale brown - light brownish gray), die „älteren" dagegen Werte von 7,5 YR 4/4-5/4 (dark brown - brown) auf (MUNSELL SOIL COLOR CHARTS, 1954), Abb. 5.

5. Als weiteres wichtiges Unterscheidungskriterium erwies sich der Formenschatz, der im Bereich der „jüngeren" Alluvionen wesentlich prononcierter, mit steileren Hängen der Sand- und Kieswälle als in den „älteren" erschien. Ferner sind die „jüngeren" Alluvionen mit dem charakteristischen Auftreten von graufarbenen Feinsedimenten mit häufig pulvriger Konsistenz (Fesch-Fesch) verbunden.

### 3.1 Die „jüngeren" Alluvionen

Nördlich der rezenten Endpfannen (vgl. Fig. 2) wird die Serir Tibesti durch ein flachwelliges Relief geprägt. Es handelt sich um Kieswälle (Abb. 1, 2, 3)[1], die bis zu 2,50 m relative Höhe erreichen können. Die Längsachse weist generell nach Nord-Nordost. Einige Wälle haben eine Länge von über 3 km, sie werden häufig von einem zweiten parallel laufenden Wall begleitet. Zwischen den Wällen liegt eine Tiefenlinie, welche sich farblich durch eine gelbe Flugsanddecke von den Kieswällen, die ein Deflationspflaster mit eingelagertem Flugsand tragen, abhebt.

---

[1] Die Abbildungen befinden sich am Schluß des jeweiligen Kapitels.

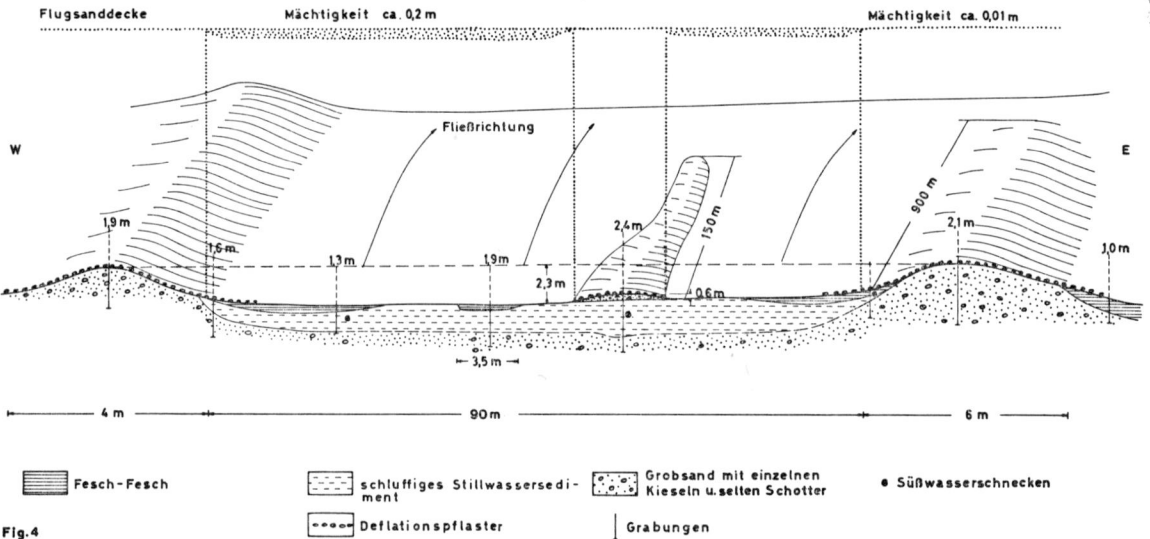

Fig. 4

Insgesamt entsteht das Bild zahlreicher anastomosierender Tiefenlinien. Mehrmals wurden quer zu den parallel verlaufenden Kieswällen sowie durch die Tiefenlinien Grabungsprofile gelegt.

Die Figur 4 gibt die Lagerungsverhältnisse exemplarisch wieder.

Die Wälle bestehen aus grobem Sand und Kies mit vereinzelten Schottern (bis 10 cm Länge). Die petrographische Zusammensetzung des Wallmaterials beweist die Herkunft aus dem Tibesti bzw. Djebel Eghei; neben Quarzkiesel treten vornehmlich Basalte, Ignimbrite, Rhyolithe, metamorphe Schiefer und Granite auf. Die tertiären Tonsteine, Kalke und Evaporite fehlen; dies spricht für einen räumlich ausgedehnten und nicht im Zusammenhang mit der Sedimentation der „jüngeren" Alluvionen erfolgten Ausraum der tertiären Sedimentgesteine.

In der Sandfraktion der Alluvionen ist der große Anteil an Glimmer mit bis zu 1 cm² großen Plättchen besonders auffällig.

Das Sediment ist grau, die Farbe wird verursacht durch die Mischung verschiedener, fast unverwitterter Mineralien.

Hinweise auf eine Bodenbildung fehlen in diesen „jüngeren" Alluvionen. Die Wälle gehen ohne erkennbare Diskordanz in die Sand- und Kiesakkumulation über, die sich unter der Tiefenlinie fortsetzt und am gegenüberliegenden Wall wieder aufzufinden ist.

Die Tiefenlinie ist unter der Flugsanddecke mit einem hellgrauen Sediment verfüllt. Das siltig-tonige Material ist sehr zäh und standfest und konnte oft nur mit Hilfe der Spitzhacke abgeräumt werden.

Hauchfeine metallisch glänzende, teils dendritische Niederschläge auf den Schichtoberflächen stellen wahrscheinlich Metallsulfide dar. Die Ausfällungen machen die laminierte Schichtung des Materials sichtbar. Es hat den Charakter eines fossilen Silt- und Tonschlammes, der in der Schlußphase der fluvialen Akkumulationen aus der Flußtrübe abgesetzt wurde. Zahlreiche wohlerhaltene Süßwasserschneckengehäuse belegen ein Stillwasserökotop. Es traten Wechsel zu einem schneller fließenden Gewässer auf, wie die Grobsand- bis Kieswälle (Fig. 4, Mitte) diskordant über dem Feinmaterial, belegen.

Die Abfolge dieser Alluvionen und die räumliche Anordnung der langgestreckten Uferwälle weist darauf hin, daß zunächst eine Tiefenlinie aufgefüllt wurde; über die feinkörnige Verfüllung breitete sich dann durch flächenhafte Verdichtung linear wechselnder Abflußbahnen ein Netz von Fließrinnen aus.

Die Mächtigkeit des Stillwassersediments kann 1,5 m überschreiten. Im Liegenden des fossilen Schlamms befindet sich Feinsand, Sand oder Kies. Häufig wird das Sediment von an der Oberfläche windgeschliffenen hellgrauen Kalkkrustenstücken (Abb. 4) überzogen, die nach unten in Vorsprüngen und Zapfen in das Feinmaterial tauchen. Es handelt sich um eine oberflächennahe Kalkanreicherung (55,8 % $CaCO_3$). Das Ausgangsmaterial enthält nur 4,5 % $CaCO_3$. Hinweise auf die rezente Bildung von Kalkkrusten im Untersuchungsgebiet liegen nicht vor. In den heutigen Endpfannen mit aperiodischer Wasserzufuhr konnten keine Anzeichen für eine rezente Bildung von Kalkkonkretionen an oder unter der Sedimentoberfläche gefunden werden. Die Kalkkruste wird daher als fossile Bildung angesehen. Hierfür spricht ferner die rezente Niederschlagshöhe von 5 mm/Jahr in der Serir Tibesti, da nach BÜDEL (1952) erst bei 80 mm/Jahr und unter „besonders günstigen Gesteinsverhältnissen" noch Kalkkrusten entstehen. Bei dieser Betrachtung bleibt unberücksichtigt, daß das Ausgangsmaterial einen nur geringen Kalkgehalt (s. o.) besitzt und somit die Voraussetzung für die untere Niederschlagsgrenze nicht einmal erfüllt ist.

Im Übergangsbereich Abb. 2 zwischen Kieswall und Tiefenlinie besteht das Sediment häufig aus einem zementmehlähnlichen Pulver (Fesch-Fesch), welches wie eine Flüssigkeit fließen kann. Die Korngrößenverteilung zeigt ein Maximum in der Fraktion kleiner als 0,063 mm, es würde ausgeprägter, wenn man die sekundären Verbackungen in der Fraktion 0,315 mm (4,9 % CaCO3) berücksichtigen würde. Das Material kann auch in schmalen Rinnen auftreten, die in dem standfesten fossilen Schlamm eingelassen sind (vgl. Fig. 4). Die Verbreitung des Fesch-Fesch ist einmal an die fossilen Gerinnebahnen gebunden und tritt zum anderen flächenhaft am Rande der fossilen Endpfanne des Enneri Yebigué und des Bardagué sowie auf der Südwestseite des Djebel Nero auf, ausschließlich aber im Bereich der „jüngeren" Alluvionen.

Gegen die in Erwägung zu ziehende Interpretation des Fesch-Fesch als äolisches Sediment sprechen die darin gefundenen Schneckengehäuse, welche keine Spuren eines Windtransportes zeigen, ferner sein linienhaftes Auftreten in fossilen Silt- und Tonsedimentationsräumen ohne erkennbare Abhängigkeit von den heutigen dominierenden Windrichtungen. Die Befunde sprechen vielmehr für eine fluviale Herkunft des Materials, es wird als pulvriges Verwitterungsprodukt von siltreichem Schlamm der Schlußphase der fluvialen Akkumulation interpretiert. Staubböden aus diesem Material können somit als Beleg für eine fluviale Aktivität in der Serir Tibesti dienen.

Dieses Sediment unterscheidet sich von den Staubböden, die MECKELEIN (1959) aus der nordwestlichen Serir Tibesti als Charakteristikum der Kernwüste angibt, jene sind nämlich das pulvrige Verwitterungsprodukt der anstehenden Ton- und Mergelsteine der tertiären Sedimente. Sie erweisen sich (z. B. im Bereich des Djebel Maruf) als streng an das Auftreten dieser Gesteine gebunden, wie aus der Farbe der Fesch-Fesch-Gebiete, in Abhängigkeit von den bunten ausbeißenden Schichten hervorgeht. Deshalb muß in Fig. 2 zwischen den allochthonen (an die fluvialen Akkumulationen gebundenen) und den autochthonen (durch die Verwitterung der tertiären Gesteine entstandenen) Fesch-Fesch-Gebieten unterschieden werden. Der Aussagewert von Staubböden für aride Verwitterungsbedingungen bleibt natürlich erhalten. Ob ihnen allerdings der Wert eines Charakteristikums für die Extremwüste (MECKELEIN, 1959) zukommt, ist auch angesichts neuerer Befunde über seine Verbreitung unsicher geworden. So beschreibt G. CONRAD (1969) aus dem Becken von Beni Abbès an lakruste Ablagerungen gebundenen Fesch-Fesch. GABRIEL (mündl. Mitt.) fand Fesch-Fesch in Hanglage auf Basalt im Enneri Dirennao (Tibesti, ca. 1500 m ü. M.) OBENAUF (mdl. Mitt.) berichtet von Staubböden auf siltigem Sedimentgestein im Bereich des Enneri Oudingueur (Tibesti, ca. 1300 m ü. M.) Wahrscheinlich handelt es sich auch bei der von KUBIENA (1955) erwähnten „Verstaubung der Oberflächenschicht des Bodens" im Hoggar noch in 2000 m Höhe um Fesch-Fesch. Die Niederschläge bei Beni Abbès betragen im langjährigen Mittel 29,5 mm, im Tibesti dürften sie die 20-mm-Grenze überschreiten, im Hoggar aber ist schon die 100-mm-Isohyete erreicht. Offenbar ist die Ausbildung von Staubböden an einen relativ weiten Niederschlagsspielraum und Verwitterungsbedingungen gebunden, die zwar typisch für arides Klima sind, aber für die Kennzeichnung hyperarider Verhältnisse kein geeignetes Kriterium darstellen. Sie treten auch in ihrer flächenhaften Ausdehnung, wie die Fig. 2 zeigt, im Untersuchungsgebiet keineswegs dominierend auf. Das Hauptvorkommen ist an die jüngsten fluvialen Sedimente gebunden; zu seiner Entstehung stehen keine großen Zeiträume zur Verfügung (vgl. jedoch MECKELEIN, 1959., S. 133).

Die nördliche Grenze des Akkumulationsraumes der „jüngeren" Alluvionen ist einmal durch den verwascheneren Formenschatz und zum anderen durch die Änderung des Sediments bestimmt (Abb. 5). Diese Grenze verläuft westlich und östlich des Djebel Nero (vgl. Fig. 2) weit nach Nordosten vorspringend.

In der Fig. 5 sind die Befunde in einem schematischen Profil von Süden nach Nordosten zusammengefaßt.

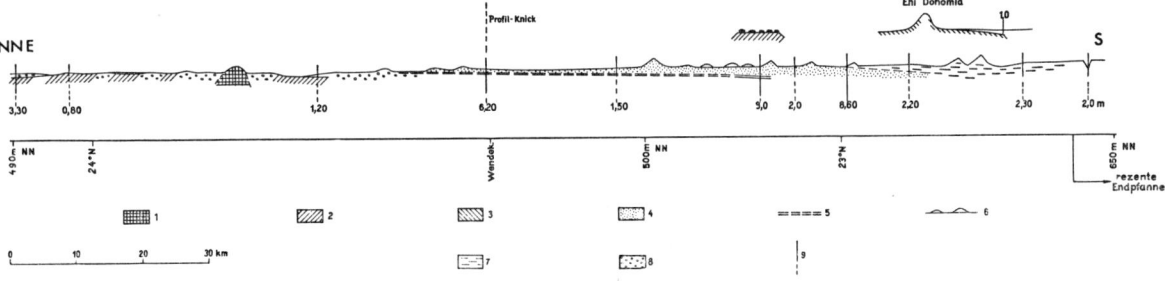

Fig. 5

1. Basaltschlot 2. Das tertiäre Anstehende, Kalke, Evaporite, Tonstein und bunte Mergel 3. Sandstein 4. Die „jüngeren" Alluvionen, Schotter, Kiese, Sande, Stillwassersedimente 5. Grenze zwischen den „jüngeren" und den „älteren" Alluvionen 6. Sand- und Kieswälle über Stillwassersedimenten 7. Rezente bis subrezente Endpfannensedimente 8. „Ältere" Alluvionen 9. Bohrung oder Grabung mit Tiefenangabe.

Erläuterung zu Fig. 5 Ca. 7 km westlich der 9 m tiefen Grabung gelangt tertiärer Tonstein in Gestalt einer 4,4 m hohen Stufe an die Erdoberfläche. Die höchsten Partien der Stufe sind mit Schottern bedeckt. Wahrscheinlich handelt es sich um ein Pendant zu den nördlich des Wendekreises liegenden Alluvionen (älteren").

Der Ehi Dohomia ist ein Sandsteininselberg östlich der Endpfanne des Yebigué. Die an seinem Fuß ergrabenen Alluvionen gehören nach ihrem Verwitterungsgrad zu den „älteren" Alluvionen.

Nordöstlich der rezenten und subfossilen Endpfannen des Bardagué zieht in den Raum der Serir Tibesti (Fig. 2) ein ca. 40 km breiter fluvialer Sedimentationsraum bis zum Nordrand (Abb. 3) des Djebel Nero (etwa 23° 50' N). Im Nordostabschnitt des fossilen Bardaguélaufes ist es zu einer Ausräumung der „älteren" Alluvionen gekommen, so daß diese eine Terrasse bilden und bis 1,5 m über den „jüngeren" — den Talboden ausfüllenden — Alluvionen liegen.

Im Spacephoto der Gemini-Serie S 65-63746 (PESCE, 1968) ist dieser Raum als dunkles, nach Nordosten ziehendes Band erkennbar. Die Alluvionen der Enneris Yebigué, Oyouroum und Tideti dagegen verwachsen zu einem räumlich weit ausgedehnten Schwemmfächer.

Im Unterschied zu den Alluvionen des Yebigué treten im Spektrum der aus kristallinem, metamorphem und basisch-vulkanischem Gestein gebildeten Alluvionen im Bardagué zusätzlich große Mengen saurer Vulkanite (Ignimbrit und helle Bimstuffe) auf (vgl. Abb. 35, 36).

Im Bereich der Alluvialdecken wechseln an der Oberfläche mehrmals Sande und Kiese mit schluffig-tonigen Sedimenten, wobei die Feinkörnigkeit des Materials gebirgseinwärts zunimmt (Fesch-Fesch-Felder). Aus verschiedenen Bohrungen wurde ersichtlich, daß es sich um geschichtetes Material handelt, wobei schluffig-tonige Lagen mit Sand- und Kieshorizonten wechseln.

Aus der horizontalen und vertikalen Abfolge ergibt sich ein fluvialer Akkumulationskörper, der dadurch, daß die Flußläufe immer weniger weit nach Norden vorstießen, über die Zeit gemittelt gegen das Gebirge wuchs. Die generell rückschreitende Akkumulation wurde gelegentlich durch einzelne Vorstöße unterbrochen, wie aus den Kies- und Sandlagen über Stillwassersedimenten zu folgern ist.

Oftmals lagern die Sedimente in Erosionsrinnen, die in den „älteren" Alluvionen angelegt wurden. Der Ausraum dieses Materials muß entsprechend der allgemeinen Abflußrichtung jeweils nordöstlich des Erosionspunktes sedimentiert worden sein, wie auch das an dieser Stelle noch mitgeführte, von talaufwärts stammende Material. Dieser Vorgang wird im folgenden als „vorgreifende" Akkumulation bezeichnet.

Am Nordsporn des Djebel Eghei hat das Enneri Eghei oder eines seiner Ausläufer Sande und Kiese in einem 400 bis 1000 m breiten Flußlauf in das Vorland transportiert. Es wurde ein Tal mit kilometerweit verfolgbaren Hängen gebildet. Der Talboden ist bis zu einer Tiefe von 1,8 m mit schluffigem Feinmaterial verfüllt, in welchem Süßwasserschnecken (s. Tab. 1) gefunden wurden. Das Tal ist in Alluvionen eingesenkt (Abb. 7), die aufgrund des braunen Feinmaterials und des Schotterbestandes sowie der räumlichen Verbreitung wahrscheinlich zu den „älteren" Akkumulationen gehören. Es verliert sich unter den Ausläufern der Rebiana Sandsee (vgl. Fig. 2, Flußlauf südlich des Djebel Nuss).

Nicht nur die Flußläufe des Tibesti und des südlichen Eghei mit großen Einzugsbereichen in der Höhenzone über 1000 m ü. M., sondern auch der Nordsporn des Djebel Eghei mit Höhen unter 1000 m und vergleichsweise kleinem Einzugsbereich vermochten also einen mindestens 100 km langen, erodierenden Fluß in das Gebirgsvorland zu entsenden.

Auf Grund dieser Befunde stellt sich die Frage, ob die dafür erforderlichen Niederschläge auf das Gebirge beschränkt gewesen sind, oder ob nicht auch das Vorland, wenn auch in gegenüber der Höhenregion sicherlich verminderter Intensität in eine Niederschlagserhöhung mit einbezogen war. Bevor das Problem weiter erörtert wird, soll die Verbreitung der schon erwähnten „älteren" Alluvionen untersucht werden.

## 3.2 Die „älteren" Alluvionen

Die folgenden Aussagen stützen sich auf eine Reihe von Profilen über das Untersuchungsgebiet, in deren Verlauf Grabungen und Bohrungen durchgeführt wurden. Die petrographische Ansprache der am Sediment beteiligten Gesteine wurde in Zweifelsfällen durch Dünnschliffuntersuchungen gesichert, für deren Auswertung ich Herrn Prof. OKRUSCH danke.

Die „jüngeren", völlig unverwitterten Akkumulationen der Enneris Bardagué, Yebigué, Tideti und Oyouroum enden etwa 30 km nördlich des Wendekreises (Fig. 2). Statt dessen tritt ein Grob- bis Mittelkies führendes fluviales Sediment an die Oberfläche, welches in den oberen 1 bis 2 m hell- bis dunkelbraun verfärbt ist. Häufig ist der obere Horizont durch eine Kalkanreicherung zusätzlich verfestigt (vgl. FÜRST, 1966, „Hauptzone").

Das Grobmaterial ist extrem gut gerundet, bis kugelförmig bei Basalten und diskusförmig bei Schiefern.

Nördlich der rezenten Endpfanne des Enneri Yebigué im Bereich der „jüngeren" Akkumulation, 100 km nördlich des Austritts des Yebigué aus dem Gebirge (Fig. 2) wurde in einer Tiefenlinie ein Schacht gegraben, in welchem die Mächtigkeit der „jüngeren" Alluvionen auf ca. 80 cm reduziert war. Die nicht standfesten „jüngeren" Alluvionen verhindern sonst durch Nachbrechen des Sandes Aufschlüsse, die tiefer als ca. 1,8 m gehen.

Der Schacht weist eine Tiefe von über 9 m auf (vgl. Fig. 6).

Tabelle 1

|  | n | % |
|---|---|---|
| *Melanoides tuberculata* | 2 | 0,3 |
| *Lymnaea nataliensis* | 9 | 1,3 |
| *Bulinus truncatus* | 185 | 26,7 |
| *Valvata tilhoi* | 384 | 55,4 |
| *Biomphalaria pfeifferi* | 112 | 16,1 |
| unbest. Art | 1 | 0,1 |

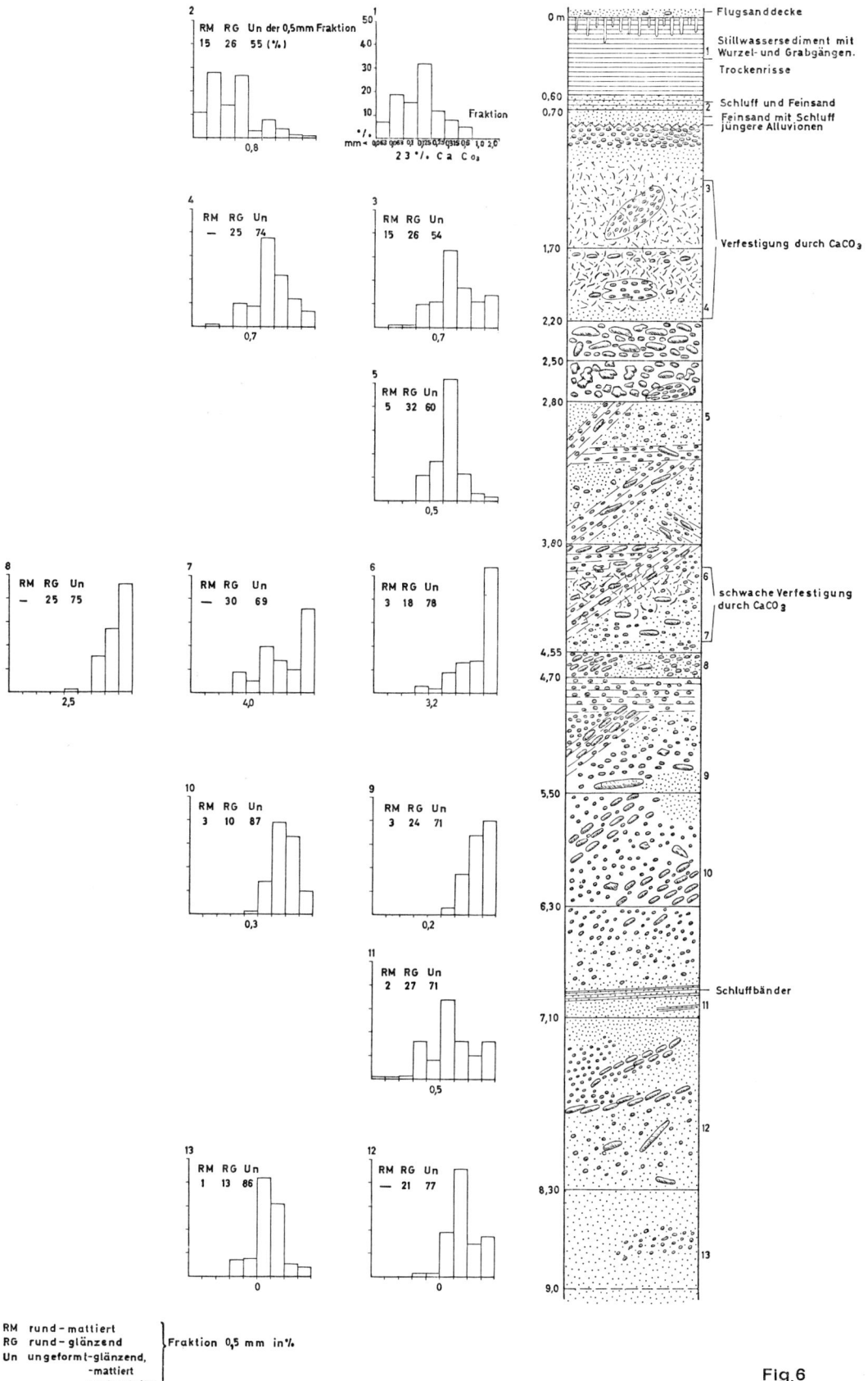

Fig. 6

Die oberen 80 cm erweisen sich nach Farbe, Textur, Korngröße und Mineralbestand als zu den „jüngeren" Alluvionen gehörend.

Mit einem deutlichen Anstieg der Korngrößen (in Fig. 6 ist nur die Sandfraktion im Korngrößendiagramm dargestellt) beginnt unter den „jüngeren" Alluvionen eine Wechselfolge von Sand-, Kies- und Schotterlagen.

Alle Bestandteile über 0,5 mm sind gut gerundet („well rounded" der Rundundgsklassifikation nach SCHNEIDERHÖHN, 1954). Bei Schiefern tritt überwiegend Diskusform auf. Die maximale Schottergröße wird in dem Horizont zwischen den Proben 4 und 5 mit 30 cm Längsachse erreicht. Er weist eine Zweigliederung auf. Die untere Hälfte führt im Gegensatz zu allen anderen Horizonten im Aufschluß schlecht gerundete Granite, Basalte und Schiefer neben gut gerundeten, aber zerbrochenen Schottern.

Die Untersuchung der Quarzkörner auf ihre Oberflächenbearbeitung hin nach der Methode von CAILLEUX (1936) ergab ein sehr gleichförmiges Bild an überwiegend ungerundeten Quarzkörnern neben extrem gut gerundeten, in der Mehrzahl mit glänzender Oberfläche. Ein weiterer Hinweis auf einen fluvialen Transport sind abgerundete glänzende Kanten bei den Körnern mit völlig unregelmäßiger Gestalt.

An der Oberfläche der gerundet-glänzenden Körner treten Partien mit nur wenig verschliffenen Perkussionstrichtern auf, wie sie für äolisch transportierte Körner typisch sind. Es wird daher angenommen, daß es sich um fluvial überarbeitete äolische Sande handelt.

In der Figur 6 sind die rund-matten (RM) und die rund-glänzenden (RG) den ungerundeten (Un) Körnern gegenübergestellt, ohne eine Unterteilung der ungerundeten Körner in ungerundet-glänzende und ungerundet-mattierte sowie Körner ohne sichbare Oberflächenbearbeitung vorzunehmen. Die sich nicht zu hundert ergänzenden Bearbeitungsklassenanteile resultieren aus den nicht aufgeführten, an der Oberfläche durch Eisenoxid maskierten Körnern (non-usés sales, nach CAILLEUX). Der Anteil an den ungerundeten Körnern ohne Oberflächenbearbeitung beträgt allgemein über 56 % des Anteils ungerundeter.

Insgesamt kann festgestellt werden, daß die Kornform und die Oberflächenbearbeitung der 0,5-mm-Fraktion in den Proben 2 bis 13 auf einen fluvialen Transport, in Übereinstimmung mit den Schottern und Kiesen und der Textur des Sediments, hinweisen. Eingelagerte Dünensande können sowohl aufgrund der Kornform (überwiegend eckig) wie der Oberflächenbearbeitung (fehlende Mattierung) ausgeschlossen werden. Der Anteil sehr gut gerundeter Körner (Rundungsgrad nach RUSSEL-TAYLOR-PETTIJOHN = well rounded) kann durch die Herkunft aus dem Sandstein des Tibestigebirges und der Aufarbeitung darin enthaltener äolischer Sedimente erklärt werden. Die runden Körner erreichen in keiner Probe mehr als 42 %.

Die Flugsanddecke hebt sich demgegenüber mit ihrem Gehalt an 57 % runder, mattierter Körner (RM) und dem Rest ungerundet-mattierter Körner deutlich ab (FÜRST, 1966, PACHUR, 1966).

Der unterschiedliche Kalkgehalt in einigen Horizonten könnte auf eine Unterbrechung in der Sedimentation hinweisen als das Sediment subaërischem Einfluß ausgesetzt war. Es könnte sich aber auch um die Ausfällung von Kalk in einem zeitweise grundwasserführenden Horizont handeln, da weitere Hinweise auf subaërische Bildungen fehlen. Eine Tonverlagerung, als Hinweis für eine Bodenbildung (A. BLUME et al., 1963), konnte nicht nachgewiesen werden. Der negative Befund beruht auf der Auswertung eines Dünnschliffes einer ungestört entnommenen Probe in 1,80 m Tiefe.

Die Schluffbänder in der Tiefe von 7,1 m weisen auf ein sehr ruhiges Sedimentationsmilieu hin. Sie trennen die nach oben zunehmend Grobkies und Schotterlagen enthaltende Sedimentfolge von der unteren, an Grobmaterial ärmeren. Zugleich nimmt die Standfestigkeit nach unten ab.

Die Frage, ob sich hierin ein Wechsel zwischen zwei verschiedenen Sedimentationsphasen abzeichnet, etwa im Sinne der im Gebirge vorliegenden Terrassenabfolge, kann aufgrund dieses einen Aufschlusses nicht beantwortet werden. Die Sedimentabfolge kann auch durch einen oft sein Bett verlagernden Flußlauf mit sich häufig ändernder Wasserführung erklärt werden. Im Prinzip kehrt dieses Bild bei den „jüngeren" Alluvionen in der Sedimentfolge Schluff, Sand und Kies und *vice versa* wieder.

Die Schichtung und Sortierung beweisen, daß die Sedimente nicht in Schichtfluten über die Serir ausgebreitet wurden, sondern in einem Netz verwilderter Flußarme. Der auffallende Mangel an autochthonem Material in den Alluvionen weist auf eine breite Ausraumzone des Anstehenden hin, die nach einer Erosionsphase ausschließlich Akkumulationsraum für allochthone Gesteine wurde. Die tertiären Gesteine stehen in diesem Fall erst 7 km westlich (Fig. 5) der Aufschlußstelle an.

Die Mächtigkeit der fluvialen Sedimente von über 9,0 m wird in der gleichen Größenordnung in verschiedenen Bohrungen erreicht (Fig. 2, Anlage).

Nördlich der 9-m-Grabung, in Höhe des Wendekreises, wurde in 6,2 m Tiefe (Fig. 2) unter Sand und Kies eine ca. 1,5 m mächtige Feinmateriallage erbohrt. Es handelt sich um einen schluffigen bis tonigen Stillwasserabsatz. Dies würde der Vorstellung von einem häufig seinen Lauf verlagernden Gerinne mit sehr unterschiedlicher Materialführung entsprechen, wobei auch im Bereich der „älteren" Sedimentation Stillwasserarme oder wassergefüllte Depressionen persistierten und nachfolgend wieder verschüttet wurden.

Die Sedimentmächtigkeit nimmt generell nach Norden ab, erreicht aber noch bei 24° 40' N eine Mächtigkeit von über 3,4 m. Die Schottergröße überschreitet noch 20 km südlich von Wau en Namus 10 cm. In der Alluvialdecke wurde neben Lydit-, Quarzit- und Basaltgeröllen ein 12 cm langer Ignimbritschotter gefunden. Das nächste Ignimbritvorkommen liegt im Tibestigebirge über 350 km (Luftlinie!) südlich dieses Fundpunktes.

Abb. 6 vermittelt einen Eindruck von der mittleren Größe des noch bei 24° 20' N transportierten Materials. Es stammt aus einem Schotterhorizont in 1,0 m Tiefe. Die Abschätzung der Fließgeschwindigkeit aus der Schottergröße ist nicht unmittelbar möglich, weil die Parameter — Wassertiefe, Flußbettgestalt, verschiedene Dichte der Gerölle und Fließdauer — in ihrer gegenseitigen Abhängigkeit weitgehend unbekannt sind (vgl. LEOPOLD et al., 1964). SUNDBORG (1955, in Weiterführung der Arbeiten von HJULSTRÖM, 1932) gibt für den Transport von 10,0 mm $\emptyset$ messenden Geröllen mit der Dichte von Quarz eine untere Fließgeschwindigkeit von ca. 120 cm/sec. an. Diese Geschwindigkeit muß natürlich nicht von der gesamten bewegten Wassermenge erreicht worden sein, sondern nur von einzelnen Stromfäden, die z. B. durch Verengung des Gerinnequerschnittes eine erhöhte Fließgeschwindigkeit hatten. Ein Vergleich mit der rezenten Materialführung während episodischer Hochwasser (GAVRILOVIC, 1970, JANNSEN, 1969) der Enneris Bardagué und Yebigué zeigt jedoch, daß Grob- bis Feinsand bereits in den Unterläufen akkumuliert wird. Die Endpfannensedimente enthalten nicht einmal Kieshorizonte.

Ein Hochwasser im Yebigué war nach HERVOUT (1958) mit 370 mm Niederschlag innerhalb von drei Tagen verbunden. Der bei Omchi 10 Tage lang fließende Yebigué hat seine Endpfanne aber nicht überschritten. Wir müßten also entweder ein mehrfaches der heutigen extremen Niederschlagsspitzen annehmen, um den Transport der Alluvionen, angesichts des Gefälles der Serir Tibesti von nur ca. 1 ‰, zu verstehen, oder von der wahrscheinlicheren Annahme eines Gerinnenetzes mit periodischer Wasserführung und höherem Grundwasserspiegel ausgehen, in welchem bei Niederschlagsspitzen ein besserer Abflußfaktor bei höherer Transportkraft erreicht wird.

Im Nordosten der Serir Tibesti, z. B. am Bohrpunkt + 3,3 m (ca. 23° 55' N, 18° 30' E, Fig. 2), dokumentiert sich der Einfluß des Djebel Eghei durch die plötzlich steigende Schottergröße von bis zu 12 cm langen Basaltschottern.

Auf der Breite von etwa 24° 40' N treten zunehmend die tertiären Sedimente an die Erdoberfläche. Es bilden sich zahlreiche Schichtstufen, Auslieger und Grarets (FÜRST, 1965, 1966), deren Entstehung an verschiedene Syn- und Antiklinalen gebunden sind (unveröffentlichte Photointerpretation nach R. LOSS, 1961 bis 1965).

Die Alluvionen sind entlang der Tiefenlinien — heute Zugbahnen der aus der Rebiana Sandsee kommenden Barchane (Abb. 31) und Strichdünen — zu verfolgen. Es handelt sich überwiegend um Kiese, in denen ungerundete Feldspäte häufig sind. Vereinzelte saure Tuffe belegen den Einfluß von Tibesti-Material am Aufbau der Alluvionen. Am Wadi Maruf (Abb. 8) und südlich des Djebel Nuss (Fig. 2 und Abb. 7) tritt die „ältere" Akkumulation als Terrasse auf; der Talboden wird, wie oben erwähnt, von den „jüngeren" Alluvionen eingenommen.

Mit der über 100 km langen, von West nach Ost ziehenden Schichtstufe der Dor el Beada wird der Raum der Serir Tibesti nach Norden abgegrenzt. Im Vorland der Dor el Beada, auch Djebel Coquin genannt, treten neben die Akkumulationen des Tibesti und wahrscheinlich des Djebel Eghei die des Djebel Harudj; dies läßt sich aus dem hohen Anteil an Basalttuff — über 30 cm lange Schotter — in den Akkumulationen folgern. Östlich der Dor el Beada tauchen die Akkumulationen unter die Längsdünen der Rebiana Sandsee ab.

Die folgenden Befunde stammen von der West- und Nordseite der Rebiana Sandsee (vgl. Fig. 7).

Erst 80 km nördlich der Stufenstirn der Dor el Beada tritt eine — mafische Anteile führende — Schotterstreu auf. Eine dort ca. 50 cm mächtige Kiesdecke über dem anstehenden Kalk nimmt nach Nordosten an Mächtigkeit zu. An der Kreuzung der Tazerbo-Zella-Piste (Fig. 7) mit den von Norden kommenden Strichdünenzügen wurde die Mächtigkeit mit ± 4,5 m nach einer Bohrung abgeschätzt.

Eine Grabung ergab folgendes Profil:

|  | % $CaCO_3$ |  |
|---|---|---|
| 0- 2 cm | 0 | Flugsand |
| 2- 10 cm | 10,3 | hellbraunes Feinmaterial, Trockenrisse mit Feinsand verfüllt, Tiefe bis 15 cm |
| 10- 20 cm | 9,7 | Grabgänge (?) ca. 1 cm lichte Weite, bis in 50 cm Tiefe reichend, mit Feinsand ausgekleidet und mit dem oben erwähnten hellbraunen Material verfüllt. Verschiedentlich enden die Gänge in einer keulenförmigen Verdickung |
| 20- 50 cm | 6,5 | Sandlage, feingeschichtet Kieshorizont, ca. 2 cm mächtig (4,9 % $CaCO_3$) |
| 50- 60 cm | 7,1 | Sandlage |
| 60- 70 cm | 3,2 | Feinsandhorizont Grobkieslage, 2-3 cm mächtig, Quarzkiesel bis 3 cm $\emptyset$ und Vulkanite |
| 70- 80 cm | 2,3 | Feinsandlage, geschichtet |
| 80- 90 cm | 4,5 | Kies. Schrägliegende Schluffbänder an der gegenüberliegenden Seite der Probenentnahmestelle, 1,5 cm $\emptyset$ *saurer Vulkanit (Bimstuff)* |
| 90-110 cm | 3,2 | Sand |
| 110-150 cm | 4,0 | Sand |
| 150-180 cm | 2,9 | Grobsand bis Kies |
| 180-190 cm | 1,7 | Feinsand, vereinzelt Glimmerplättchen führend |
| 190-210 cm | 5,3 | Grobkies mit einzelnen Kalkleisten zwischen den Kieseln. |

Es handelt sich um ein geschichtetes fluviales Sediment. Die oberen 2 bis 20 cm stellen wahrscheinlich einen fossilen Bodenhorizont dar. Der Kalkgehalt zeigt eine wechselnde Abnahme unterhalb der oberflächennahen Kalkanreicherung. Ob die Zwischenhorizonte ehemalige Sedimentoberflächen anzeigen oder aber Ausfällungen

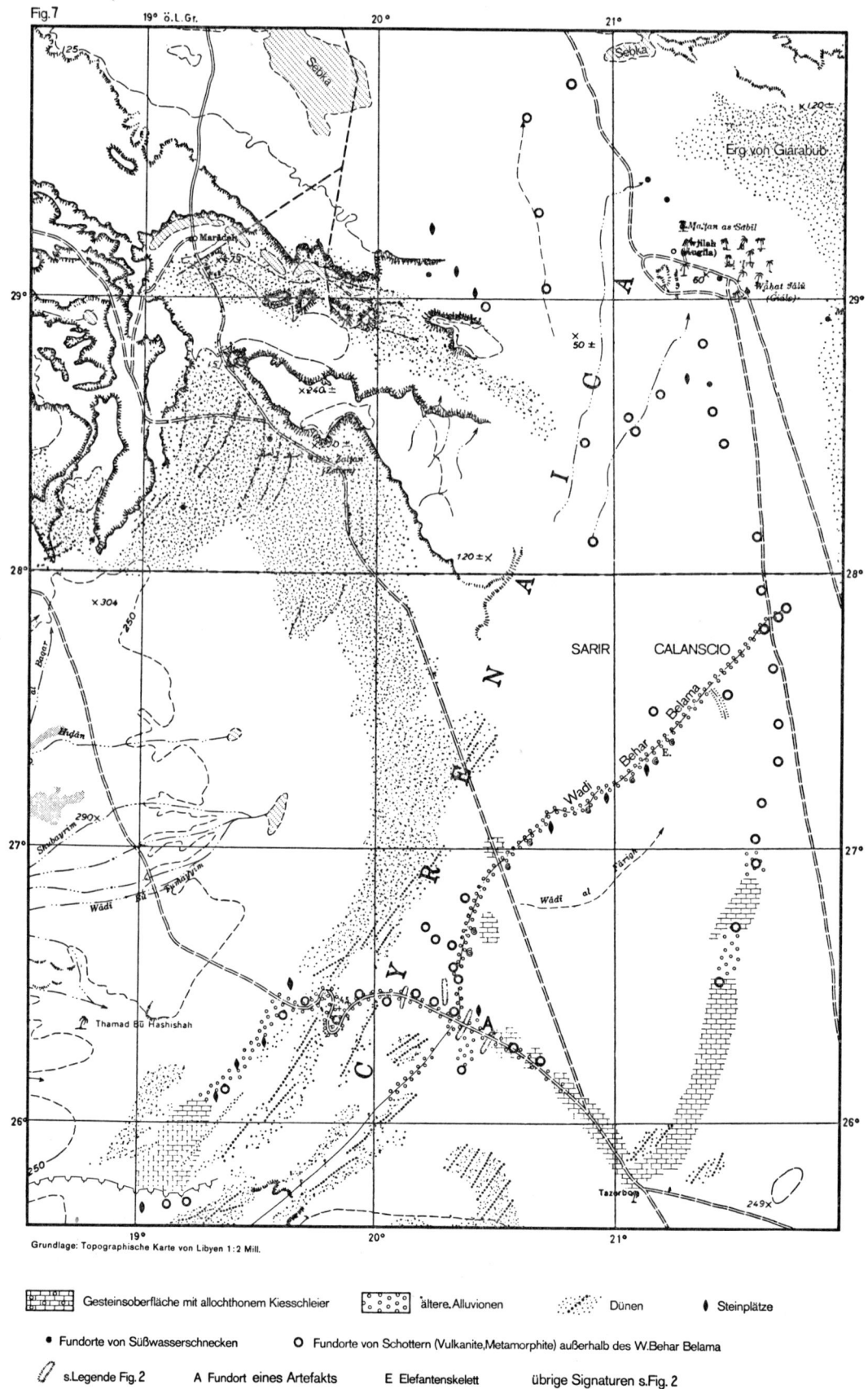

Fig. 7

Grundlage: Topographische Karte von Libyen 1:2 Mill.

| | Gesteinsoberfläche mit allochthonem Kiesschleier | | ältere Alluvionen | | Dünen | | Steinplätze |

• Fundorte von Süßwasserschnecken  O Fundorte von Schottern (Vulkanite, Metamorphite) außerhalb des W. Behar Belama

s. Legende Fig. 2   A Fundort eines Artefakts in fluvialen Akkumulationen   E Elefantenskelett   übrige Signaturen s. Fig. 2

in Grundwasserhorizonten darstellen, ist noch ungeklärt. Die Schluffbänder deuten eine Stillwasserphase an.

Die Weiterverfolgung der Alluvionen zwischen den Strichdünen (vgl. Fig. 7) wurde durch das Auftreten von ca. 40 cm hohen Kieswällen mit zahlreichen kristallinen und metamorphen Schottern erleichtert. In den Auswurfmassen einiger Sprenglöcher, bis 1,5 m tief, wiederholte sich das Spektrum gut gerundeter Schotter, wobei eine Zunahme der Korngröße in östlicher Richtung bis zu maximal 4 bis 5 cm großen Schottern in den Kiesen auffällig ist.

Die Zunahme der Partikelgröße nach Osten kulminierte etwa in dem Bereich, wo der folgende Aufschluß ergraben wurde (vgl. Fig. 7, Pkt. A an der Piste Zella-Tazerbo).

Der Aufschluß wurde am Top eines ca. 60 m langen, südwest-nordost-ziehenden Grobkieswalles angelegt (Abb. 9, 10).

| | |
|---|---|
| 0 - 0,5 cm | Flugsanddecke und Deflationspflaster |
| 0,5-11 cm | hellbraunes poröses, schluffiges Feinmaterial (Schaumboden) in Leisten zwischen den Kieseln |
| 11 -80 cm | Locker geschichteter, mineralfarbener Kies mit zahlreichen mafischen Schottern. Die größten messen bis 6 cm. Alle Kiesel sehr gut gerundet. |

In 60 cm Tiefe wurde ein Artefakt (Finder M. KUHLE) geborgen. Nach B. GABRIEL (frdl. mdl. Mittlg.) ist der Abschlag (Abb. 11) dem Habitus nach älter als neolithisch. Nach vorsichtiger Beurteilung auf Grund der Abbildung deutet H. ZIEGERT (frdl. Mittlg.) ein Alt-Acheul-Alter an. Als Einzelfund kommt ihm für die genaue Datierung der Ablagerung nur sehr eingeschränkter Wert zu. Andererseits ist er bedeutungsvoll hinsichtlich des möglichen Einwandes, die Akkumulationen hätten ein sehr hohes Alter und stünden noch im Zusammenhang mit der tertiären Küste, die im Miozän (KLITZSCH, 1970) bei 27° N lag.

Der Grobkieswall gehört zu mehreren weiteren Südwest-Nordost-ziehenden Wällen. Ihre relative Höhe beträgt ca. 2,2 m. Sie werden von Tiefenlinien begleitet, die über 1,2 m mit Flugsand verfüllt sind. Der Reliefunterschied vor Einsetzen der Versandung betrug also mehr als 3 m. Material und räumliche Anordnung der Wälle entsprechen den auf der Serir Tibesti gefundenen Verhältnissen, sie werden wie dort einem fossilen Gerinnenetz zugeschrieben. Als Lieferant der Alluvionen kommt wegen der Position in erster Linie der Djebel Eghei in Frage.

Die Zone der gut ausgebildeten Wälle nimmt ungefähr eine Breite von ca. 20 km (West-Ost-Erstreckung) ein. Die Schottergröße und die Höhe der Kieswälle nimmt nach Osten deutlich ab, bis schließlich an der Westseite der Tazerbo-Oase der anstehende Kalkstein an die Erdoberfläche tritt. Die Verteilung läßt vermuten, daß die Piste Zella-Tazerbo die aus dem Djebel Eghei und Tibesti kommende fossile Akkumulationsbahn quert. Das Gebiet westlich des Dünenzuges (S-förmiger Verlauf der Piste in Fig. 7) scheint nach Ausweis des im Aufschluß und an der Oberfläche gefundenen Materials die westliche Randzone der Akkumulationen darzustellen. Dem entspricht auch das Einsetzen der Alluvionen erst 80 km nördlich der Dor el Beada. Die nördliche Fortsetzung der Alluvionen wurde im Wadi Behar Belama gefunden (Abb. 12).

### 3.3 Die Alluvionen im Wadi Behar Belama

In einigen topographischen Karten von Libyen sind im Mittelabschnitt der Serir Calanscio (ca. 27° N, 21° E) zwei Wadis eingetragen. Sie finden schon bei KING (1913) erste Erwähnung. Das nördliche von den beiden trägt den Namen Behar Belama. Wir konnten es auf einer Strecke von über 100 km verfolgen (Abb. 12). Es handelt sich um ein bis 4 km breites, sehr flaches Tal. An den Hängen tritt der anstehende Kalk und kalkhaltiger, feinkörniger Sandstein aus. Der Talboden ist mit Alluvionen verfüllt, die eine bei 27° 21' N, 21° 05' E erbohrte Mächtigkeit von ca. 15 m erreichen.

Auf der Fläche, in welche das Wadi eingesenkt ist, liegt ein Mittelkies, welcher im Vergleich zu den Wadi-Alluvionen arm an mafischem Material ist. In den oberen 60 cm tritt zusätzlich ein schluffiges, kalkhaltiges Feinmaterial hellbrauner Farbe hinzu. Die Kiesel in der Deflationsdecke überschreiten selten eine Größe von 3 cm.

Im Gegensatz hierzu enthalten die Alluvionen des Wadi neben wohlgerundeten Grobkieseln (Durchmesser 6 cm) zahlreiche mafische Anteile, vereinzelt Ignimbrite und helle Bimstuffe. Besonders auffallend ist der große Anteil von nur kantengerundeten Feldspatkristallen. Bis auf eine dünne, ca. 20 cm mächtige Verwitterungsschicht, die einer Bodenbildung ähnelt, sind die Sande und Kiese von Feinmaterial freigewaschen. Die räumliche Anordnung dieser Alluvionen ist aus Figur 8 zu entnehmen.

Das obere Niveau im Wadi wird durch einen Grobkieshorizont gebildet, der Schotter bis zu 7 cm Länge enthält (Abb. 13). Unter diesem Horizont folgen geschichtete Sande und Kiese, die vereinzelt Grobkiese und Schotter (bis 6 cm Länge) enthalten.

Auf einem zweiten, niedrigeren Niveau treten im Mittel kleinere Schotter auf (Fig. 8; Abb. 14). Im Grabungsaufschluß unterscheidet sich das Material — soweit aus Feldbefunden ersichtlich — jedoch nicht von dem unterhalb der Deflationsdecke des oberen Niveau.

Der Niveauunterschied beträgt stellenweise über 5 m. Es bleibt bis zum Beweis, etwa durch eine Diskordanz, offen, ob es sich um zwei verschiedene Akkumulationen oder um ein Erosionsniveau oder aber lediglich um den Unterschied zwischen Hoch- und Niedrigwasserbett handelt.

Die Verteilung der Sedimente wechselt örtlich, so daß Grobschotterlagen über fluvialen Stillwassersedimenten abgelagert wurden (Abb. 15).

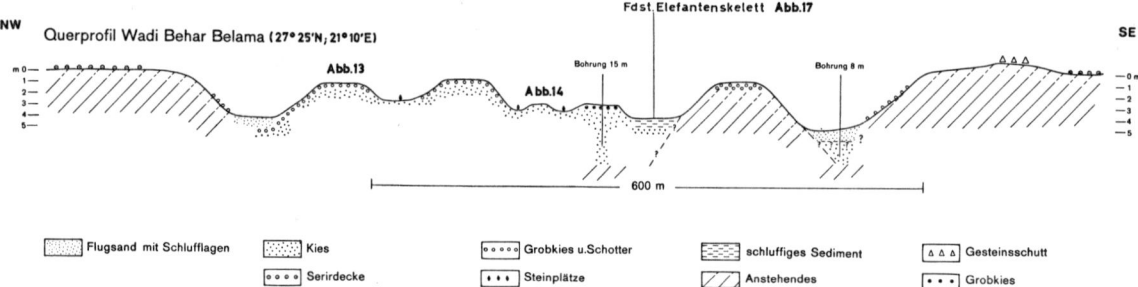

Fig. 8 Querprofil durch das Wadi Behar Belama bei 27° 25' N, 21° 10' E.
Die Grenze zwischen Kies und Flugsand mit tonig-siltigen Zwischenlagen in der 8-m-Bohrung ist aus bohrtechnischen Gründen (Naßspülung) nicht genau bestimmbar. Dies gilt auch für die Grenze zum Anstehenden.

Diese Verteilung der Sedimente ist typisch für die gesamte Tiefenlinie und kann nur durch einen häufig sein Bett verlagernden Fluß erklärt werden, der sich zuerst in die Sedimente einschnitt, mit abnehmender Fließgeschwindigkeit in dieser Rinne Sand- und Kiesbänke akkumulierte, dann die Fließrichtung änderte, so daß nur noch feinkörnige Sedimente an gleicher Stelle zur Ablagerung gelangten. Im Grundriß entsteht so das Muster eines Flechtwerkes, der erhabene Teil sind die Kies- und Sandbänke (Abb. 9), die Tiefenlinien entsprechen den zuletzt entwickelten Gerinnebahnen. Beschränkt auf einen kleinen Raum stellt der Formenschatz im Wadi Behar Belama ein Abbild des Prozeßgefüges in einem terrestrischen Sedimentationsraum dar. Der Formenschatz gleicht im Prinzip dem im Raum der Serir Tibesti verbreiteten.

Im Bereich der tiefer liegenden, fossilen, feinkörnigen Alluvionen kam es zur Ausbildung von Stillwasserarmen, in denen Schweb und Trüb akkumuliert wurden. Eine Süßwasserschneckenfauna (s. Tabelle 2) belebte die Stillwasserzonen. Vereinzelt kommen die gleichen Schneckenarten in den Kiesen und Sanden vor.

Tabelle 2, vgl. a. S. 14

| | n | % |
|---|---|---|
| *Bulinus truncatus* | 118 | 58,3 |
| *Valvata tilhoi* | 14 | 6,7 |
| *Biomphalaria pfeifferi* | 35 | 17,6 |
| *Lymnaea nataliensis* | 6 | 3,0 |
| *Gyraulus costulatus* | 24 | 12,0 |
| *Anisus dallonii* | 2 | 0,9 |
| *Melanoides tuberculata* | 3 | 1,5 |

In einer dieser Tiefenlinien wurden in den schluffigen bis feinsandigen Stillwassersedimenten Skeletteile eines Elefanten (Abb. 17) (*Loxodonta africana* [?], Best. Y. COPPENS, Paris) von GABRIEL, B., geborgen.
Im Südabschnitt des Wadi, ca. 26° 42' N, 20° 28' E, nehmen die Reliefunterschiede zwischen den Akkumulationskörpern ab (Abb. 16). In diesem Abschnitt wurde folgender Aufschluß ergraben:

| | |
|---|---|
| 0- 1 cm | Flugsanddecke |
| 1-24 cm (a) | durch Beimengung organischen Materials dunkel gefärbter Kieshorizont, |
| 24-27 cm (b) | grauer, polyedrisch brechender Schluffhorizont mit zahlreichen Grabgängen (lichte Weite 1 cm), |
| 27-40 cm (c) | schwarze, an organischem Material reiche Lage (einer Mudde ähnlich), die nach unten in eine helle Sandbank übergeht, in welche schwarze Grabgänge von 2 bis 3 cm lichte Weite hinabführen, |
| 40-90 cm | geschichtete Kiese und Sande mit einzelnen bis 5 cm großen Schottern. |

Die Pollenanalyse durch E. SCHULZ (1973) ergab folgendes Ergebnis:

Tabelle 3

| | 1-24 a | 24-27 b | 27-40 [cm] c |
|---|---|---|---|
| *Pinus* | | | 1 |
| *Betulaceae* | 1 | | 1 |
| *Carpinus* | | 1 | |
| *Quercus pubesc.-Typ* | | | 1 |
| *Quercus ilex-Typ* | | | 1 |
| *Juglandaceae* | | | 2 |
| *Oleaceae* | | | 2 |
| *Gramineae* * | 2 | 21 | 47 |
| *Myriophyllum* | | | 1 |
| *Liliaceae* | | 1 | 2 |
| *Malvaceae* | | | 16 |
| *Compositaceae* * | | 1 | 1 |
| *Chenopodiaceae* * | | 1 | 1 |
| *Polypodiaceae* | | 4 | 20 |
| *Adiantum* | | | 2 |
| *Pteris* | | | 1 |
| *Lycopodiaceae* | | | 2 |
| *Ophioglossum* | | | 1 |
| Varia | 1 | 7 | 11 |
| | 4 | 36 | 113 |

Der Terminus „varia" bezeichnet Formen, die wegen des schlechten Erhaltungszustandes oder fehlenden Vergleichsmaterials nicht bestimmt werden konnten.
Zur vorsichtigen Interpretation ist aufgrund der geringen Pollenzahl der Horizonte a (1-24 cm) und b (24-27 cm) nur die einer Mudde ähnliche Lage c (27 bis 40 cm) geeignet. Das Vorkommen von Farn deutet in

Übereinstimmung mit dem Sediment auf eine permanent feuchte Lokalität, die relativ kühl gewesen sein dürfte. Die Umgebung trug eine lockere Gras- und Krautvegetation. Da die wenigen Baumpollen montanen Familien angehören, ist Baumvegetation oder Baumlosigkeit nicht abzuleiten.

Die Pollenkörner der Gräser und Kräuter gehören einerseits *(Polypodiaceae, Liliaceae, Malvaceae, Myriophyllum)* einer sehr feuchten und andererseits *(Gramineae, Compositaceae, Chenopodiaceae)* einer trockenen Vegetation an (E. SCHULZ, 1973).

In feuchteren Jahren treten Gramineen gegenwärtig 75 km nördlich von der Aufschlußstelle im Wadi als sporadisch auftretende Grasfluren auf. Die mit einem Stern gekennzeichneten Arten sind erst 150 km westlich in den Wadis des Djebel Harudj und 400 km nördlich anzutreffen.

Wegen der geringen Grundmasse an Pollen besteht natürlich die Gefahr, daß bestimmte Arten ganz ausfallen oder überproportioniert erscheinen. Trotz dieser Mängel bleibt der wichtige Hinweis auf eine Pflanzengemeinschaft, deren xerophile Elemente erst 400 km nördlich und 100 km westlich in den Wadiläufen der Harudj vorkommen.

Es konnte nicht zweifelsfrei entschieden werden, ob die 110 km auseinanderliegenden Fundpunkte der pollenführenden Mudde und des Elefantenskeletts zu einer Sedimentationsphase gehören. Aufgrund der jeweiligen örtlichen Position scheint jedoch die Mudde zu einer relativ jungen Akkumulation im Südabschnitt des Wadi Behar Belama zu gehören, während die Teile des Elefantenskeletts (es handelt sich aber nicht um zusammengeschwemmte Knochen, vgl. Abb. 17) eine ältere Sedimentationsphase datieren. Auch die weiteren Funde nicht identifizierter Knochen sowie Artefakte und Steinplätze sind streng an die höheren und damit älteren Niveaus gebunden.

Damit würde sich der Widerspruch zwischen dem Vorkommen des Elefanten mit hohem Grünfutterbedarf und der aus der Pollenanalyse zu schließenden relativ schütteren Vegetation aufheben. Andererseits darf die große Mobilität des Elefanten nicht vergessen werden. Zu einer Beschreibung des Ökotops reichen die Informationen nicht aus, nur die Aussage über gegenüber heute feuchtere Bedingungen ist gesichert.

Es lassen sich folgende Formungsphasen unterscheiden:
1. Ausbreitung einer mafisches Material führenden Alluvialdecke („Serirdecke" in Fig. 8) über die in tertiärem Sedimentgestein gebildeten Fläche.
2. Einschneidung in die Fläche; ob mit der Ausbreitung der Alluvialdecke verbunden, ist ungeklärt.
3. Akkumulation von Sanden, Kiesen, Schottern im Tal. Der Gehalt der Alluvionen an mafischen und felsischen Bestandteilen und vor allem sauren Vulkaniten ist höher als in der Alluvialdecke unter 2. Ausbildung von Hoch- und Niedrigwasserbett (Stillwasserbildungen). Savannenfauna. Oder:
3. a (?) Erosion und erneute Akkumulation innerhalb des Talzuges. Entstehung der an der Oberfläche feinkörnigen Alluvionen.
4. Erosion in die Alluvionen 3. bzw. 3. a (?).
5. Verschüttung der Tiefenlinie mit Flugsand, Feinsand und Schluff durch Prozesse der Verschwemmung von Sand, Feinkies und äolischen Akkumulation.

Die Funde von Ignimbrit und sauren Tuffen (Bimstuff) sind angesichts der petrographischen Verhältnisse in der zentralen Ostsahara von besonderer Bedeutung, da nach VINCENT (1970) ausschließlich im Tibestigebirge saure Vulkanite gefördert wurden. Allerdings erwähnt LELUBRE (1950) aus dem südlichen Djebel Eghei das Vorkommen von Rhyolithen, die er auf der Serir Tibesti als Alluvionen wiedergefunden hat. Daher können nur die Bimstuffe als Beweis dafür gelten, daß tatsächlich das Tibestigebirge Material bis in die Serir Calanscio lieferte.

Der mikroskopische Vergleich von anstehendem Bims am Trou au Natron mit den ca. 20 cm großen Bimsschottern am Djebel Nero und bis 5 cm großen, meistens aber nur 1 bis 2 cm großen Bimskiesen aus dem Wadi Behar Belama, 27° 25' N, zeigte übereinstimmend saures vulkanisches Glas. Die zellig poröse Grundmasse mit vielen kleinen, zum Teil glasigen sowie zahlreichen opaken (Erz-)Einsprenglingen ist allen Proben gemeinsam. Mikroskopisch feststellbar ist der etwas differenzierende Gehalt an Alkalifeldspat, Plagioklas und vereinzelten Biotit-Einsprenglingen[2]. Die Lichtbrechung ist kleiner als 1,53 (Plag.-$An_{50}$ Glas, n = 1,531. TRÖGER, 1967, Bd. 2).

Neben den im Feld weniger leicht ansprechbaren Rhyolith-, Trachyt- und Ignimbritgeröllen stellen die sauren vulkanischen Gläser ein zuverlässiges Leitgestein dar, um das Tibestigebirge als Herkunftsgebiet zu identifizieren.

Die Basalt-, Schiefer-, Quarzit- und Granitgerölle können dagegen sowohl aus dem Tibesti wie aus dem Djebel Eghei stammen. Aber selbst, wenn die Alluvionen alle aus dem Eghei stammten, wäre ihr klimatischer Aussagewert bedeutend angesichts der im Vergleich zum Tibestigebirge geringen Höhe und Größe des Einzugsgebietes. Abgesehen von der Rebiana-Sandsee, deren Ausdehnung angesichts dieser Befunde problematisch wird. Die Transportstrecke von 420 km — nur die Entfernung des Nordspornes des Djebel Eghei bis zum Nordabschnitt des Wadi Behar Belama gerechnet — setzt schon höhere Niederschläge in dem nur eine mittlere Höhe von ca. 800 m ü. M. erreichenden Djebel Eghei voraus, zumal die Akkumulationen noch weiter nach Norden reichen.

Das Wadi Behar Belama verläuft parallel zum Wadi Faregh. Weitere, mit Flugsand verfüllte, flache Tiefenlinien werden von KANTER (1965 a, b) erwähnt. Die Gefällsrichtung der Wadis weist auf das Erg von Giarabub (Great Sandsee of Calanscio, Fig. 3).

---

[2] Herrn Prof. Dr. OKRUSCH, Universität Köln, bin ich für die Durchsicht der Präparate zu großem Dank verpflichtet.

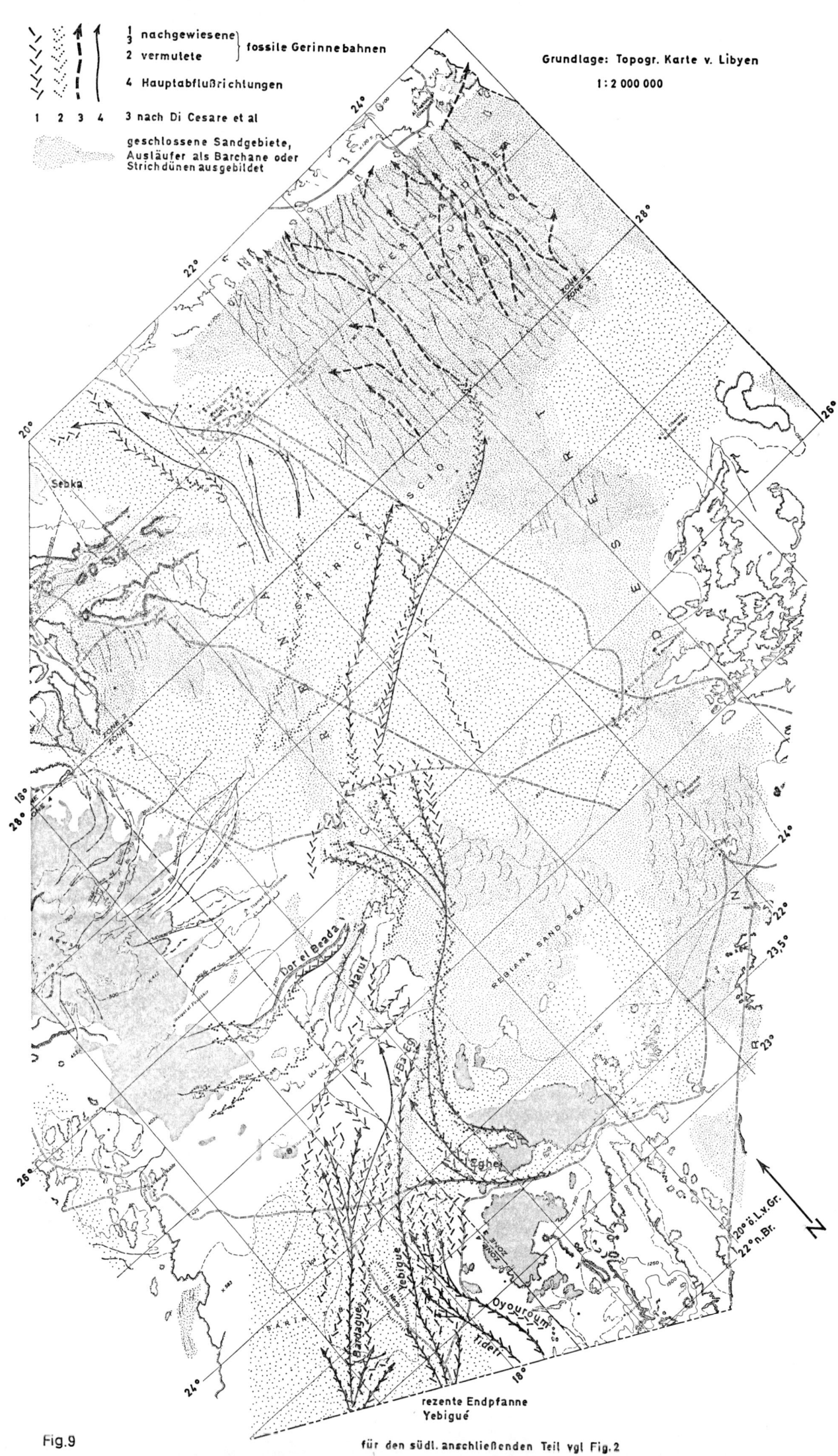

Fig. 9

für den südl. anschließenden Teil vgl. Fig. 2

Nach den Untersuchungen von DICESARE et al. (1963) leitet eine „alluvial serir"[3] von der Serir Calanscio, deren schlecht gerundete Feldspäte (vgl. entsprechenden Befund aus dem Wadi Behar Belama) besonders erwähnt werden, über zum Erg von Giarabub. Unter dem Erg wurde von den gleichen Autoren ein fossiles Abflußsystem entdeckt, dessen Gefälle nach Norden und Nordosten gerichtet ist.

Unter Berücksichtigung der Abflußrichtung der Wadi Behar Belama und Wadi Faregh, der Korngröße der im Wadi Behar Belama nachgewiesenen Alluvionen sowie der Forschungsergebnisse für das Erg von Calanscio kann als Arbeitshypothese der Abfluß der feuchtzeitlichen Flüsse in nordöstlicher Richtung bis in die Tiefenzone nördlich des Erg von Calanscio abgeleitet werden. Diese Tiefenzone geht östlich in die Kattara-Depression über und vermittelt nach Westen den Abfluß in die große Syrte.

Die in Fig. 8 angegebenen, außerhalb des Wadi Behar Belama flächenhaft verbreiteten Sedimente sind weiter nach Norden zu verfolgen, wo sie an Mächtigkeit und Korngröße abnehmen. Tiefenlinien, in denen gröberes Material gefunden wurde, wiederum vereinzelt mit mafischen Anteilen (z. B. 20 km westlich des Augila-Ölfeldes), enthalten eine Erosionsterrasse. Die Tiefenlinien führen nach Nordosten und nördlich 29° N direkt nach Norden (vgl. Fig. 7). Ob sie zeitgleich mit dem Wadi Behar Belama angelegt wurden oder ein älteres Entwässerungssystem darstellen, ist noch ungeklärt.

Der südliche Anschluß der Alluvionen des Wadi Behar Belama zum Djebel Eghei ist durch die metamorphen und kristallinen Sedimentanteile indirekt gesichert. Über den fluvialen Formenschatz und die sauren Vulkanite sowie die Ausdehnung der Alluvionen von Süden her über die Serir Tibesti bis zur Rebiana-Sandsee (Fig. 2) kann auch die Verbindung zum Tibestigebirge abgeleitet werden. Die Problemstrecke schärft sich auf ca. 50 km am NW-Rand der Rebiana-Sandsee zu, welche nicht untersucht werden konnte (Fig. 9).

Eingedenk dessen läßt sich ein Gebiet mit zahlreichen in Verbindung stehenden Gerinnenetzen abgrenzen, welches sich vom Tibestigebirge über die Serir Tibesti und Serir Calanscio bis zur Kattara-Depression und die große Syrte erstreckte. Der endorheische Zustand der zentralen Ostsahara war in mindestens einer post-tertiären Feuchtphase aufgehoben.

Die Fig. 9 faßt die Vorstellung zusammen. Sie fußt im Bereich der durchgezogenen Lineamente (1) auf morphologischen Befunden über Sand- und Kieswälle, fossilen Gerinnebahnen, fossilen Talzügen und auf der Verbreitung fluvialer Sedimente in der Serir Tibesti und Serir Calanscio.

Für das Erg von Giarabub (unterbrochene Linie [3]) beruht die Eintragung fossiler Flußläufe auf DICESARE et al., (1963). Die punktierten Linien (2) sind Konstruktionen aufgrund des zu vermutenden räumlichen Zusammenhanges.

Nach dieser Vorstellung erfolgte der Transport der Alluvionen durch den Raum der Serir Tibesti über den Bardagué und Yebigué, letzterer unter Aufnahme der Zuflüsse aus dem südlichen Djebel Eghei, den Enneris Tideti und Oyouroum. Sie vereinigten sich nördlich des Djebel Nero und erhielten den Zufluß des Enneri Eghei; es entstand das „Ye-Ba-Eg"-Flußsystem.

Der Transport der Alluvionen nahm den Weg durch die Schichtstufen und Grarets des Djebel Maruf und wahrscheinlich durch die nordwestlichen Ausläufer der Rebiana-Sandsee, wie aus den Befunden von der Nordseite des Ergs hervorgeht. Es ergibt sich die Frage, ob das Erg zu dieser Zeit in seiner heutigen Ausdehnung schon existierte. Aufgrund der weitausgefächerten Alluvialdecke ist nicht mit einem einzelnen Stromfaden zu rechnen, sondern mit einem Netz zahlreicher episodisch oder sogar zeitweise periodisch fließender Gerinne.

Die Alluvionen der verschiedenen Einzugsgebiete vermischten sich. In der Serir Calanscio kam auch Material aus dem Djebel Harudj hinzu, wie aus Funden von Basalttuff in den Akkumulationen des Wadi Behar Belama geschlossen wird. Der morphologische Beleg über ein Gerinne steht aber noch aus (vgl. Abb. 12).

Die fossilen Gerinnenetze wurden vom Tibesti wie vom Djebel Eghei gespeist. Das höhere Niederschläge erhaltende Gebiet muß sich somit nach Norden erweitert haben, so daß auch die Höhen unter 1000 m ü. M. beregnet wurden. Damit ist der Einzugsbereich der Flüsse stark gewachsen und die einmal hypothetisch angenommene, isolierte feuchtere Höhenzone in unmittelbare Nachbarschaft der Gebiete um 500 m ü. M. gerückt, die bei Annahme einer Kernwüste im hochariden bis ariden Zustand verharrt sein sollten. Daß die letztere im hochariden Zustand verblieb, ohne gegenüber heute höhere Niederschläge zu erhalten, erscheint sehr unwahrscheinlich, besonders wenn man die Transportweite betrachtet. Von Bardai im Tibestigebirge bis zum Nordabschnitt des Wadi Behar Belama in der Serir Calanscio sind es über 1000 km, bei einem heutigen Gefälle von weniger als 1,5 m/km.

Vor dem Versuch einer Rekonstruktion des Vorzeitklimas, das der Verbreitung der Alluvionen zugrunde gelegen haben könnte, sind noch weitere Befunde, die die Beweisführung stützen, vorzulegen.

### 3.4 Die „ältesten" (rotverwitterten) Alluvionen

Auf der Landterrasse des Djebel Nero wurde ein weiteres Sediment gefunden. Außer durch die Lage — nämlich ausschließlich auf den höchsten Geländepartien vorkommend — unterscheidet sich die Akkumulation von den bisher beschriebenen durch den überwiegenden Bestand an gerundeten Quarzkieseln, Arkosen und kristallinen Schiefern sowie durch das Fehlen leicht verwitterbarer, die „jüngeren" und „älteren" Akkumulationen kennzeichnenden Gesteine.

Eine Grabung auf der Landterrasse des Djebel Nero ergab folgendes, gegenüber den anderen Akkumulationen völlig abweichendes Profil.

---

[3] „The alluvial serir is composed of sand plains and gravels ancient alluvium very thin and spread over vast areas far away from the sea, owing to the position by a hydrographic system which had reached or was near to the base level."

| | |
|---|---|
| 0-1,0 cm | Flugsanddecke, Kiesel, (Deflationsrückstand) |
| I  1,0-14 cm | hellbraunes (reddish-yellow), |
| 7,5 YR 6/8 | schluffig-toniges, standfestes |
| Fe-Ox/Fe-Di = 0.005 | Material (z. T. porig). Polygon- |
| $CaCO_3$ = 3,9 % | struktur i. d. Aufsicht. Trockenrisse bis in 15 cm Tiefe. Vereinzelt tragen die Kiesel auf der Oberseite einen feinen Kalküberzug. |
| II  14-110 cm | Tiefrote (red) Verfärbung der |
| 2,5 YR 4/8 | gesamten Grobkiesakkumula- |
| Fe-Ox/Fe-Di = 0.003 | tion. Die Kiesel tragen einen |
| $CaCO_3$ = 10,4 % | roten Überzug, sie werden von einer dunkelrotbraunen (10 R 4/8), polyedrisch brechenden Matrix umgeben. Die Matrix ist nestartig verteilt. Einzelne faserige Gipsausblühungen (Pseudomycelien). Die Kiesel erreichen eine Länge von 5 cm. |
| III  110-160 cm | Verdichtung der weißen Gips- |
| 2,5 YR 5/8 | ausblühungen. Die tiefrote Farbe |
| Fe-Ox/Fe-Di = 0.002 | geht in ein helleres Rot über. |
| $CaCO_3$ = 3,0 % | Kompakte eckige Kalkbröckchen leiten zum anstehenden Kalkstein über. In Klüften rote Verfärbung. |

Die färbenden Eisenoxide bestehen nach der röntgenographischen Analyse aus Hämatit mit Geothit. Sie überziehen als dünner Film die Quarzkornoberflächen oder verkleben als Matrix Korngrößen der Fraktion um 0,125 mm. Die gealterten kristallinen Eisenoxide überwiegen, wie aus dem oben angegebenen Verhältnis von Oxalat-löslichen Fe-Verbindungen (Fe-Ox) zu Dithionit-löslichen (Fe-Di) hervorgeht. Die Röntgenanalyse der Tonmineralien zeigt in allen Horizonten gut auskristallisierten Kaolinit und in I und III Montmorillonit, II noch Mixed-layer und Illit.

Farbe, Textur und Mineralbestand unterscheiden den Horizont I von II und III. Die Abtrennung der Schwermineralien mit Hilfe einer Schwereflüssigkeit der Dichte 2,9 in der 0,125-mm-Fraktion ergab folgenden Unterschied in Gewichtsprozenten der Einwaage:

I = 9,8 %;  II = 1,7 %  III = 2,0 %.

Der deutlich höhere Gehalt an Schwermineralien in Horizont I wird in erster Linie auf eine Einwehung von Fremdmaterial zurückgeführt. Dafür sprechen auch die nur in der 1,0-Fraktion des Horizontes I gefundenen, gut gerundeten, mattierten Basaltkörner.

Es gibt keine Hinweise (z. B. Schichtung, Einregelung, Seigerung), die eine Deutung des roten Materials als schon primär zu der Akkumulationsdecke gehörig gestatten. Daher wird die Entstehung der oben beschriebenen Horizontierung einer Bodenbildung nach Sedimentation der Alluvialdecke zugeschrieben.

Die Farbe des Horizontes I hebt sich deutlich von dem darunterliegenden Material ab, sie gleicht den grauen bis braunen Wüstenrohböden.

Textur, Färbung und geringe Horizontierung im unteren Teil des Aufschlusses ähneln dagegen am ehesten einem von STEPHENS (1962) unter „stony desert tableland soils" beschriebenen Bodenprofil aus Australien, im Lake-Eyre-Gebiet. Die Entstehung wird in einer feuchteren, pliozänen Pluvial-Periode vermutet. In der Gegenwart beträgt der mittlere jährliche Niederschlag im Verbreitungsgebiet ca. 160 mm. Aus Jordanien beschreibt BENDER (1968) als „Mediterrane Roterde" eine ähnliche Profilabfolge, die Entstehung wird zur Trockengrenze hin bei Niederschlägen zwischen 300 mm und 600 mm unter einem „mediterransemiariden" Klima angenommen.

Von AUBERT (1960, 1962) werden Profile vergleichbaren Aufbaus als „sols sub-désertiques" und „desert steppe soils" unter Angabe einer Niederschlagsspanne zwischen 100 mm und 250 mm vorgestellt. Der mittlere jährliche Niederschlag der Serir Tibesti liegt dagegen heute bei 5 mm.

Der Aufschluß gibt demnach ein polygenetisches Profil wieder, dessen Bildung im Schwankungsbereich zwischen arid (Horizont I) und semiarid bis semihumid (Horizont II und III) liegt.

FÜRST (1970) diskutiert — unter Verwendung einer Probe aus Horizont III und Vergleich mit Sedimenten im Murzukbecken — die Entstehung der Rotfärbung im Grundwasserbereich, wofür höhere Niederschläge als 150 bis 200 mm angenommen werden. Übereinstimmend kann festgehalten werden, daß zur Ausbildung eines vergleichbaren Profils höhere Niederschläge notwendig sind, als sie gegenwärtig in der Serir Tibesti zur Verfügung stehen.

Durch das als Unter- bis Mitteleozän datierte Liegende ergibt sich für den Boden ein Datum post quem. Eine Roterde aus dem Garet Tebu (MECKELEIN, 1959) in der Nähe von Wau el Kebir wird einer tertiären Feuchtzeit zugeordnet. Nach den Untersuchungen LEVELTs an der gleichen Probe scheint ein dichogenetischer Charakter (BAKKER, 1966), nämlich Rotlehm und Wüstenrohboden, vorzuliegen. Hierfür sprechen nach BAKKER das Nebeneinander von Kaolinit und Attapulgit. Da in dem Profil am Djebel Nero Montmorillonit und Illit vertreten sind, scheint die Genese unter anderen Verwitterungsbedingungen abgelaufen zu sein, obwohl die nachträgliche Zufuhr von Montmorillonit und Illit in einen an Tonmineralien nur Kaolinit enthaltenen Rotlehm nicht völlig auszuschließen ist. Allerdings sollte sich in diesem Falle mit der Tiefe des Profils eine Montmorillonit- und Illit-Abnahme bemerkbar machen, was nicht beobachtet werden konnte. Auch erreichen die Trockenrisse im oberen Horizont nur eine maximale Tiefe von 20 cm.

Ein Datum ante quem für die Akkumulation ergibt sich aus der räumlichen Verteilung (vgl. folgendes Profil, Fig. 10), denn nach Osten taucht die Schotterdecke unter den „älteren" Sedimenten ab. Lediglich in einem isolierten Vorkommen im Zentrum der Serir Tibesti nimmt sie die höchsten Geländepartien ein.

Abb. 1 Kieswälle mit Deflationspflaster aus Grobkies. 60 km nördlich der rezenten Endpfanne des Enneri Yebigué. (Falls nicht anders erwähnt, Aufnahmen vom Verfasser.)

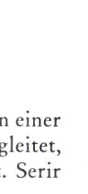

Abb. 2 Kieswall (rechts) seitlich von einer Fesch-Fesch verfüllten Tiefenlinie begleitet, in die das Fahrzeug eingesunken ist. Serir Tibesti ca. 23° 27' N; 17° 52' E.
(Aufnahme: K. Sommer)

Abb. 3 Kieswälle am Nordrand des Djebel Nero im Bereich der „jüngeren" Alluvialdecke.

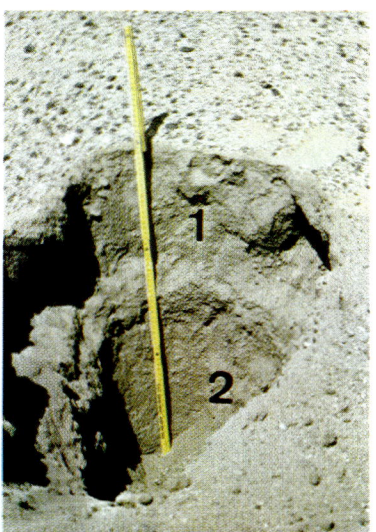

Abb. 5 Serir Tibesti, ca. 23° 35' N; 17° 41' E. 1. „Jüngere" Alluvionen 10 YR 6/2; 2. „Ältere" Alluvionen 7,5 YR 4/4. Der Farbunterschied ist in der Reproduktion ungenügend wiedergegeben. Es muß daher auf die Farbwerte verwiesen werden.

Abb. 4 Kalkkrustenstück von der Oberfläche eines staubfeinen Stillwassersediments. Maßstab: 10 cm.
(Aufnahme: K. Wolfermann)

Abb. 6 Metamorphe Schiefer, Quarzit, Granit, Quarzkiesel, Porphyr, Basalt, Basaltschlacke und Sandstein bilden die Hauptbestandteile der „älteren" Alluvialdecke bei 24° 20' N; 17° 58' E im Raum der Serir Tibesti. Alle Schotter sind gut gerundet. Bild Mitte Bildung einer Bruchkante durch Verwitterung entlang der Schieferungsfläche. Länge des Maßstabes 10 cm.

Abb. 7 In die „ältere" Alluvialdecke eingesenktes Wadi südlich des Djebel Nuss. Der Talboden wird von den „jüngeren" Alluvionen eingenommen.

Abb. 8 Vorn: Schotterterrasse der „älteren" Alluvionen. Mitte: Boden des Wadi Maruf, mit Tamariskenhügeln (Kupsten). Ca. 25° 08' N; 18° 51' E.

Abb. 9 Grobkieswall nördlich der Rebiana-Sandsee.

Abb. 10 Grobkieswall an der Piste zwischen Tazerbo und den westlich liegenden Strichdünen (Fig. 3, Pkt. A) ca. 26° 27' N; 20° 29' E. Längsachse des Walles weist nach NNE. In den oberen 20-25 cm hellbraune Feinmaterialanreicherung.

Abb. 11 Aus dem Grobkieswall (Abb. 10) aus 60 cm Tiefe geborgenes Artefakt (Alt-Acheul?).

(Aufnahme: K. Wolfermann)

**Abb.12**

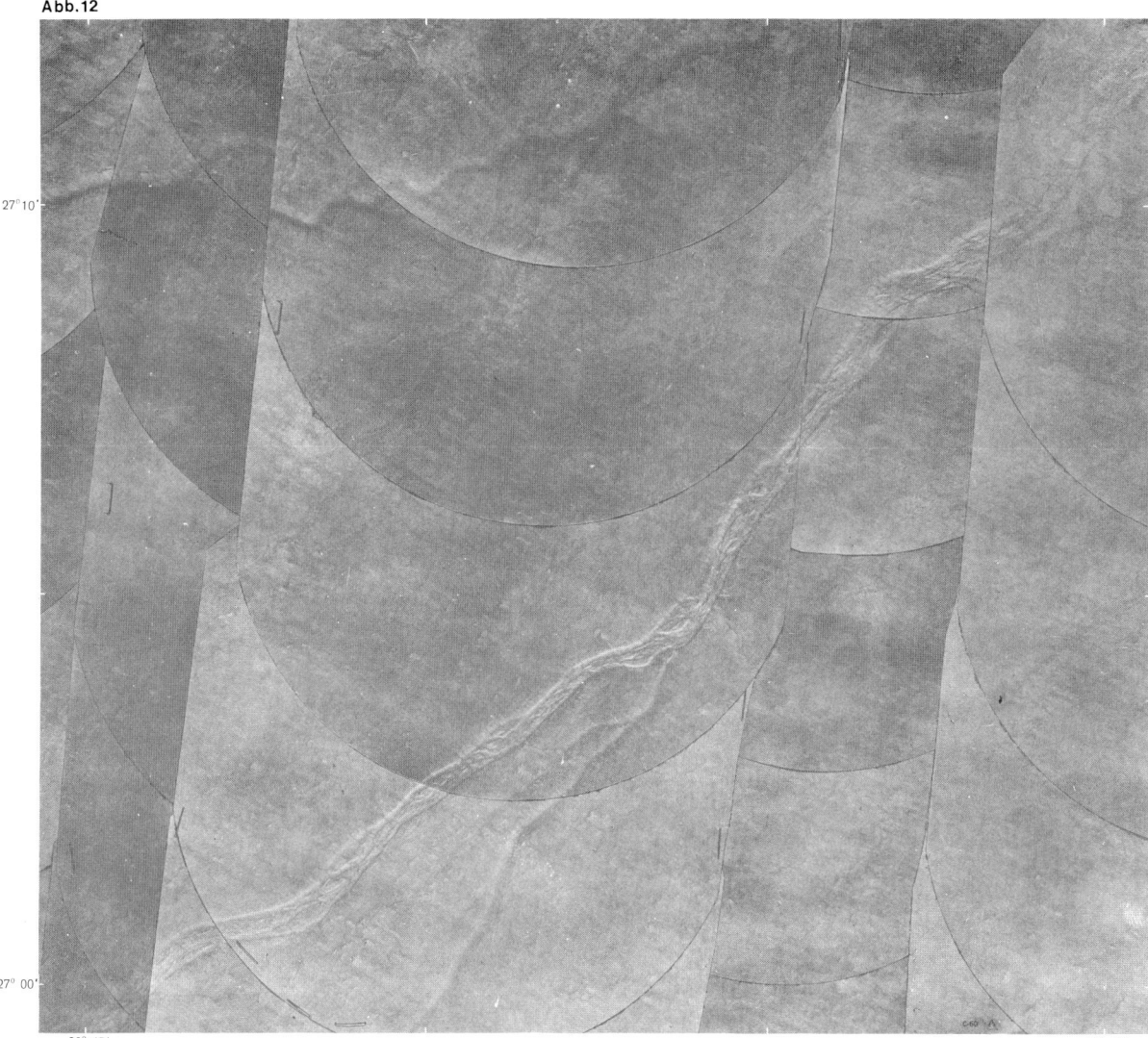

Abb. 12 Ausschnitt aus dem Mittelabschnitt des Wadi Behar Belama in der Serir Calanscio unter 27° N; 21° E. Maßstab ca. 1 : 50 000; Aufnahmehöhe, Kamerakonstante, Aufnahmezeit und Fotograf unbekannt. Die flachlagernden tertiären (Miozän) sandigen Kalke und Kalke durchstoßen an zahlreichen Stellen die geringmächtige Decke aus Kies und Sand in Form von linienhaft — wahrscheinlich Struktur gebunden — angeordneten outcrops (Bildmitte). Fast diagonal wird der Bildausschnitt vom fossilen Wadi Behar Belama gequert. Es ist mehrere Meter in das Anstehende eingesenkt. Es sind einschließlich der Flugsand und schwemmlandverfüllten Tiefenlinien drei Akkumulationsniveaus zu unterscheiden. Das höchste wird von einer an der Oberfläche durch Grobkiesel gebildeten Deflationspflaster (Abb. 13) erzeugt, es hebt sich im Luftbild durch seine hellere Tönung gegenüber dem tieferen Niveau mit feinkörnigerer Bedeckung (Abb. 14) ab. Im Wadi erreichen die Alluvionen eine Mächtigkeit von bis zu 15 m. Ein verzweigtes Gerinne — Bildmitte — mündet über dem höchsten Akkumulationsniveau in das Wadi. Dieses Gerinne ist nur sehr schwach in die Fläche eingesenkt, im Gelände wie im Luftbild können Akkumulationskörper nicht festgestellt werden. Ein weiteres Gerinne gleichen Habitus ist am linken oberen Bildrand sichtbar. Es konnte nicht geklärt werden, ob es eine lokale Erscheinung darstellt oder zu einem Gerinnenetz aus dem Djebel Harudj gehört, was aufgrund der Richtung zu vermuten wäre. Beide Gerinne gehören offenbar zu einem älteren Gerinnenetz. Die flächenhafte Verschwemmung und kleinreliefausgleichende Wirkung des Windes infolge Akkumulation und Deflation haben diese Täler weitgehend eingeebnet. Im Verlauf des Wadi Behar Belama werden die im Anstehenden angelegten Hänge in kurzen Tälchen aufgegliedert; im Luftbild als helle Zähnung sichtbar. Der Wind hat die episodisch Wasser aufnehmenden Hohlformen zu flachen Windgassen überformt

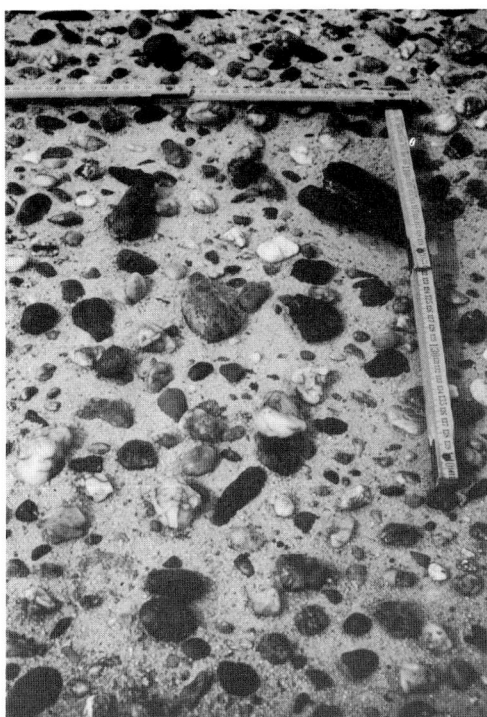

Abb. 13 Deflationsdecke des „oberen" Niveau im Wadi Behar Belama. Zwischen den Quarz-, Quarzit-, Lydit-Basaltschottern liegt Flugsand.

Abb. 14 Deflationsdecke des „niedrigen" Niveaus im Wadi Behar Belama.

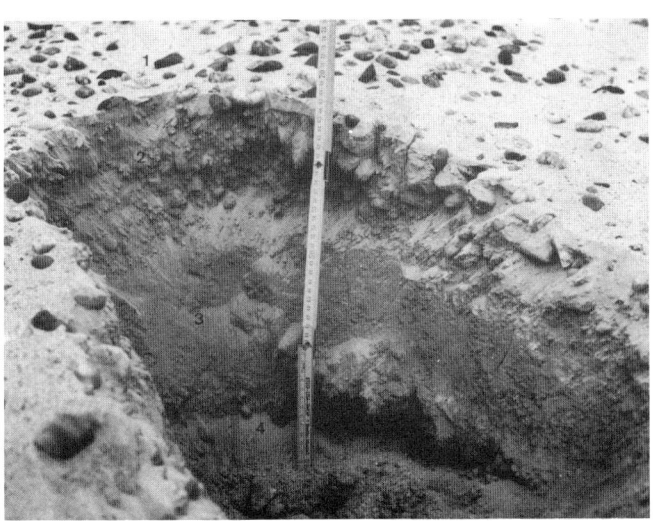

Abb. 15 1. Flugsanddecke mit Deflationspflaster; 2. Grobkieslage, in den oberen drei Zentimetern schluffige, poröse Matrix (Bodenbildung?); 3. Schluffig-toniges Stillwassersediment, Süßwasserschnecken führend; 4. Kies und Sand.

Abb. 16
Aufschluß im Südteil des Wadi Behar Belama, wo sich die Talform verliert.
1. Flugsanddecke mit Deflationspflaster
2. Hellbraunes schluffig-toniges Feinmaterial (Bodenbildung?)
3. Grobkies- bis Schotterdecke aus gut gerundetem Quarz, Quarzit, Basalt, Granit, metamorphen Schiefern und Porphyr
4. Sand und Kies.
In Höhe von 35 cm, siehe Zollstock, ein Abschlag aus Flint.

Abb. 17 Teile eines Skeletts von *Loxodonta africana* im feinsandigen Stillwassersediment des Wadi Behar Belama. Ca. 27° 22' N; 21° 15' E.

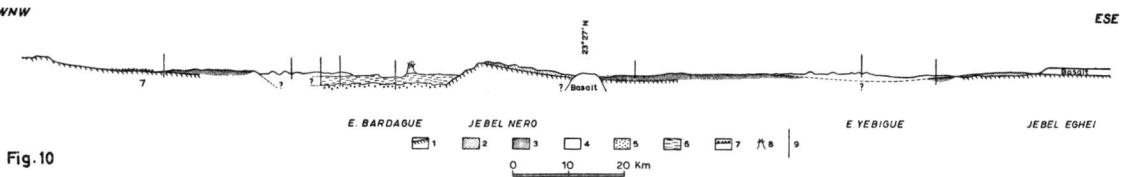

Fig. 10 Grob schematisiertes Profil über die Serir Tibesti von ESE nach WNW.

1. Anstehendes  2. „Älteste" rotverwitterte Alluvionen
3. „Ältere" Alluvionen  4. „Jüngere" Alluvionen  5. Fluviale Sande und Kiese  6. Limnische Sedimente, s. a. Fig. 11
7. „Älteste" (?) Alluvionen  8. Tamariskenhügel  9. Bohrungen.

Aufgrund des hohen Quarzkieselanteils und der Rotfärbung werden ähnliche Vorkommen am westlichen Rande des Eghei und am Ostrand des Raumes der Serir Tibesti dieser Akkumulation zugeordnet. Am Ostrand der Serir besteht sie nur aus einer wenige Dezimeter mächtigen Schicht, die im Kontakt zum anstehenden Kalk rot verwittert ist. Die Zuordnung beruht in diesem Fall in erster Linie auf dem Fehlen des mafischen Materials im Geröllspektrum.

## 4. Die limnischen Sedimente im Raum der Serir Tibesti

Von der Serir Calanscio sind limnische Sedimente bisher nicht bekannt. Die Feinkorn- bis Siltsedimente im Wadi Behar Belama wurden — wie diejenigen im Bereich der „jüngeren" Alluvionen auf der Serir Tibesti — in Stillwasserarmen sedimentiert.

Am Djebel Nero wurden dagegen folgende, in Fig. 11 zusammengefaßte Befunde gewonnen.

Der Djebel Nero (Name und erste Beschreibung von DESIO, 1942) stellt eine SSE/NNW streichende Schichtstufe mit südwestlichen Ausliegern dar. Sie wird aus einer Wechselfolge von unter- bis mitteleozänen Evaporiten und Tonsteinen mit einer Dachlage aus Kalk gebildet (DESIO, 1942, FÜRST, 1968) (Fig. 11).

Im Vorland der höchsten Stufe durchstoßen zahlreiche outcrops die im folgenden zu beschreibenden Akkumulationen.

Das Profil „a", Fig. 11, beginnt an der Stufenstirn des Djebel Nero und läuft unter Auslassung verschiedener vorgeschalteter kleinerer Stufen von Nordosten nach Südwesten. Profil „b" hält um ca. 6 km nach Süden versetzt die gleiche Richtung ein.

Im Südwesten liegen an der Erdoberfläche die schon unter den „jüngeren" Akkumulationen behandelten fluvialen Sedimente in Form eines unverwitterten Feinsandes. Er geht nach unten in einen durch Salz verbackenen Schluff- und Tonhorizont über, welcher wiederum von einem Fesch-Fesch-Horizont unterlagert wird, der zu limnischen Sedimenten überleitet (Fig. 11, b)

Am Ostrand des Djebel Nero tritt ein Sediment gleichen Habitus verbunden mit Wechsellagerung von standfesten Ton- und Schluffhorizonten auf. Es gleicht in diesem Bereich den rezenten Endpfannensedimenten. Auf diesen Stillwasserabsätzen wuchsen Tamarisken auf (Fig. 11, Abb. 34).

Am Fuß der Stufe sind durch die abtragende Wirkung des Windes feingebankte, weiße Sedimente (Abb. 18) aufgeschlossen. Es handelt sich um Seekreide mit zahlreichen Süßwasserschnecken. Wo Diatomeen den Hauptbestandteil bilden, sinkt der Kalkgehalt auf ca. 21 % $CaCO_3$, während er sonst bis 50,9 % erreicht.

In vollständigen Profilen zeigt sich, daß die weißen limnischen Sedimente mit einem hellgrauen, schluffreichen Seemergel abschließen (Abb. 19).

Er enthält im Vergleich zum Liegenden weniger Süßwasserschnecken. Der Horizont weist darüberhinaus häufig ca. 0,6 cm starke, vertikal verlaufende, engständige Röhren auf. Wahrscheinlich handelt es sich um einsedimentierte Schilfbestände. Bohrungen und Aufschlüsse ergaben eine Mächtigkeit von ca. 8 m für die „weiße" Seekreide und ca. 2,1 m für die dunklere Dachlage aus Seemergel (vgl. Abb. 19 und 20).

Im Liegenden dieser Folge, nur durch Bohrung ermittelt, folgt ein sandiges bis feinsandiges fluviales Sediment mit ca. 2 cm mächtigen Ton- und Schluffhorizonten, welches in ± 8 m Tiefe Grundwasser führt. Das Sediment besteht neben Quarz aus wenig verwitterten Feldspäten, zahlreichen Glimmerplättchen, Basalt, Schiefer und vereinzelten sauren Vulkaniten. Die Quarzkörner sind bis zu 52 % glänzend poliert. Zweifellos handelt es sich um fluvial transportiertes allochthones Material.

Es ergibt sich eine Mächtigkeit von insgesamt mehr als 18 m einschließlich Seekreide, Seemergel und fluviale Sedimente. Das Anstehende wurde noch nicht erreicht.

In der Fig. 11 a sind parallel zur Stufenstirn laufende Wälle aus Kies und Sand eingetragen; sie überragen die heutige Oberfläche um maximal 3 m. Wie Grabungen und Bohrungen zeigen, durchragen sie die limnischen Sedimente. Der Anteil von 22 % äolisch bearbeiteter Quarzkörner in der 0,25-mm-Fraktion (Probentent-

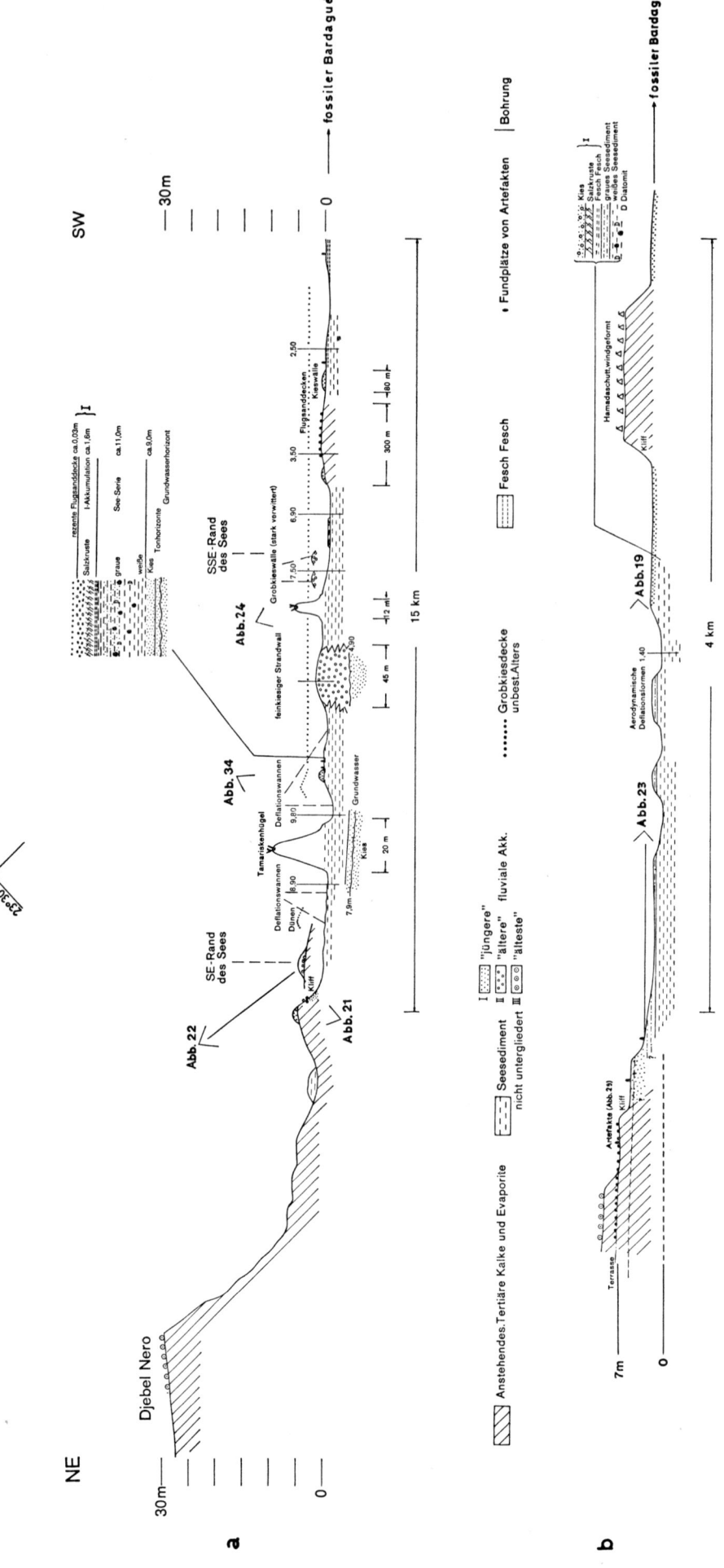

Fig. 11 Skizze der prinzipiellen Abfolge vor der Stufenstirn des Djebel Nero nach Feldaufnahmen. Entfernungen und Bohrtiefen nicht maßstabsgerecht.

nahme aus 60 m Tiefe) ist zu gering, um die Akkumulation als Düne zu deuten, dagegen sprechen auch die vereinzelt vorkommenden, bis zu 5 cm großen Kiesel. Eher ist Windeinfluß bei der Bearbeitung eines trockenliegenden Strandwalles oder die Aufnahme von Flugsand in der Brandungszone anzunehmen. Ein Vergleich des Materials aus dem einsedimentierten Wall mit dem unter den Seekreiden erbohrten fluvialen Sediment ergab eine Übereinstimmung im Mineralspektrum. Lediglich die Schluff-Tonhorizonte fehlten in dem Wall. Daß Wall und fluviales Serdiment ± gleichzeitig entstanden sind, ist aufgrund der Lagerungsverhältnisse anzunehmen, aber nicht bewiesen.

Andere Strandwälle liegen eindeutig über den limnischen Sedimenten (Abb. 21). Sie bestehen aus Sand und Mittelkies und zeichnen sich durch den unverwitterten Mineralbestand und das Fehlen von Spuren einer Bodenbildung aus. Das Material entspricht den aus den „jüngeren" Alluvionen bekannten. Da außerdem in Richtung auf das Tibestigebirge hin (vgl. Fig. 2) die „jüngeren" Alluvionen über den limnischen Sedimenten anzutreffen sind, ist mit einer post-limnischen fluvialen Akkumulation in das bereits mit einer limnischen Akkumulation verfüllte Seebecken zu rechnen.

Im Südosten und Süd-Südosten begrenzen — in Fig. 11 a als stark verwitterte Grobkieswälle (Abb. 22) eingetragen — Wälle den Bereich, in welchem Seesedimente aufgeschlossen sind. Sie unterscheiden sich von den „jüngeren" Alluvionen durch die gröberen Bestandteile (bis 15 cm lange Schotter), durch die braune Farbe des Feinmaterials, die in 25 cm Tiefe in ein dunkleres Braun übergeht sowie durch die Lage oberhalb des Niveaus der „jüngeren" Alluvionen und der limnischen Sedimente. Die Braunfärbung entsteht durch eine, die Mineralkörner teils überziehende, teils verklebende Matrix aus Silt und Ton. Die röntgenographische Untersuchung der Matrix ergab deutliche Reflexe im Bereich von Montmorillonit und Illit neben Kaolinit.

Aus diesem Grunde scheinen sie nicht zu den „jüngeren", auf der Dachlage der limnischen Sedimente liegenden Alluvionen zu gehören, sondern zu den räumlich (Fig. 2) anschließenden „älteren" Sedimenten auf der Serir Tibesti. Die Wälle markieren das Seeufer zur Zeit des Seehochstandes bei oder vor Bildung der Seekreide.

Demzufolge hat das Seebecken bereits bei der Bildung der „älteren" fluvialen Akkumulation existiert, vielleicht als ein abgedämmter Nebenarm des fossilen Bardagué im Schatten des Djebel Nero, da ja die „älteren" Alluvionen im Gegensatz zu den „jüngeren" weiter nach Nordosten über die Serir verfolgbar sind.

Das Areal, in welchem Seekreide an die Erdoberfläche tritt oder erschürfbar ist, nimmt einen Raum von ca. 15 × 20 km an der Südwestseite des Djebel Nero ein. Die Längsachse verläuft SW-NE. Wie schon erwähnt, tauchen im Südwesten die limnischen Sedimente unter die „jüngeren" Alluvionen ab, die bis an den Rand des Tibesti verfolgt wurden (Fig. 2). Da andererseits Material des gleichen Habitus auch (siehe Fig. 11 b) über der Seekreide nachgewiesen wurde, ist offenbar das Seebecken nach Ablagerung der Seekreide erneut fluvialer Akkumulationsraum geworden.

Im Verlauf dieser Wechsel scheint es auch zur Talbildung im Djebel Nero gekommen zu sein. Die zeitliche Zuordnung beruht auf folgender Beobachtung:

Am südwestlichen Auslieger des Djebel Nero (Fig. 11 b) ist an der Mündung eines Tales eine dünn überschotterte Felsterrasse ausgebildet, sie streicht etwa drei Meter über dem Niveau der über den Seesedimenten liegenden feinkörnigen „jüngeren" fluvialen Akkumulationen aus. Der Talboden dagegen ist auf die Oberfläche der „jüngeren" Akkumulation (Abb. 23) eingestellt.

Die Schlußphase der Akkumulation im Seebecken wird durch die Ablagerung von Ton und Schluff markiert. Vorher wurde offenbar das Stadium einer Sebkha durchlaufen, wie aus den Salzhorizonten zu schließen ist. Die Sedimentation von Schluff und Ton dagegen entspricht den Vorgängen in den rezenten Endpfannen. Den Abschluß dieser Akkumulation markiert das Aufwachsen von Tamarisken und deren Entwicklung zu Kupsten (Abb. 24, 34).

Am Südwestrand des Djebel Nero sind somit folgende Sedimente zu erkennen (vom ältesten zum jüngsten):

a) Unverwitterte fluviale Sande mit ca. 3 cm mächtigen schluffig-tonigen Zwischenlagen. Reich an Glimmer, Vulkaniten und Feldspat. Grundwasserführend. Durch Bohrung erschlossen.

weiße Seesedimente b) Feingebankte, weiße Seekreide 14-C-Datierung von und Diatomit. Zahlreiche Süßwasserschnecken, meist in 6 bis Schnecken ergab 7570 ± 115 B. P. 10 cm mächtigen Lagen konzen-(Hv 2875) triert. Sandige Horizonte fehlen. Mächtigkeit ± 8,0 m.

graue Seesedimente b') Gebankte hellbraune bis hellgraue Seemergel. Süßwasserschnecken führend. Vereinzelte millimeterstarke Horizonte organischen Materials. Sandige Zwischenlagen fehlen, aber Quarzkörner führend. Engständige verkalkte Röhren stammen wahrscheinlich von Schilfbeständen. Mächtigkeit ± 2,1 m.

b") Gebankte hellbraune bis graue, kalkarme Stillwasserabsätze. Farbe und Habitus ähnelt den rezenten Endpfannensedimenten. Sandige Zwischenlagen scheinen zu fehlen. Mächtigkeit ± 1,2 m.

b") tritt vorwiegend am Ostrand des Seebeckens (Randfacies?) auf, während der folgende Horizont c) direkt b') aufliegen kann.

c) Dunkelgraues, pulvriges Sediment (Fesch-Fesch). Mächtigkeit 0,15 m. Salzverbackene Feinsandlage, zahlreiche Glimmerplättchen, Basalt, saure Vulkanite, Feldspat.
Mächtigkeit ± 0,6 m.

d) Gebankte, durchwurzelte Schluffhorizonte, 0,2 m mächtig, in Wechsellagerung mit Glimmerseifen ca. 0,06 m. Dieser Horizont führt Artefakte.
Mächtigkeit insgesamt ± 1,0 m.

14-C-Datierung des Holzes 1435 ± 50 B. P. (Hv 2874)

e) Auf dieser Folge stocken Tamariskenhügel (Kupsten); sie bestehen aus einer Schichtung von Blattstreu und Flugsand (über 70 % mattierte Quarzkörner) und erreichen eine Höhe von über 9 m. Die Kupsten sind durch eine ca. 3 cm dicke Umhüllung salzverkrusteten Sandes gepanzert.

Es lassen sich folgende Formungsphasen ausgliedern:
1. Entstehung der Schichtstufe mit dem Ausraum der Fußzone. Vorhergehend oder zeitgleich (?) die Akkumulation der auf der Landterrasse liegenden rotverwitterten (Fig. 11 a), „ältesten" fluvialen Akkumulation.
2. Strandwallbildung am SE- und SSE-Rand der Seekreidevorkommen.
3. a) Akkumulation von Seekreide und Seemergel — Erosion im Djebel Nero.
b) Einschaltung einer Trockenphase mit Deflation? (s. S. 35).
4. Erneute Akkumulation von fluvialen Sedimenten und Strandwallbildung. In der Schlußphase der Akkumulation Übergang vom Sebkha- zum Endpfannenstadium. Erosion im Djebel Nero.
5. Aufwachsen der Tamariskenhügel (Kupsten) und etwa zeitgleiches Einsetzen von Deflation und Korrasion.

Fig. 12 Lageskizze der Seekreide an der Dor el Beada

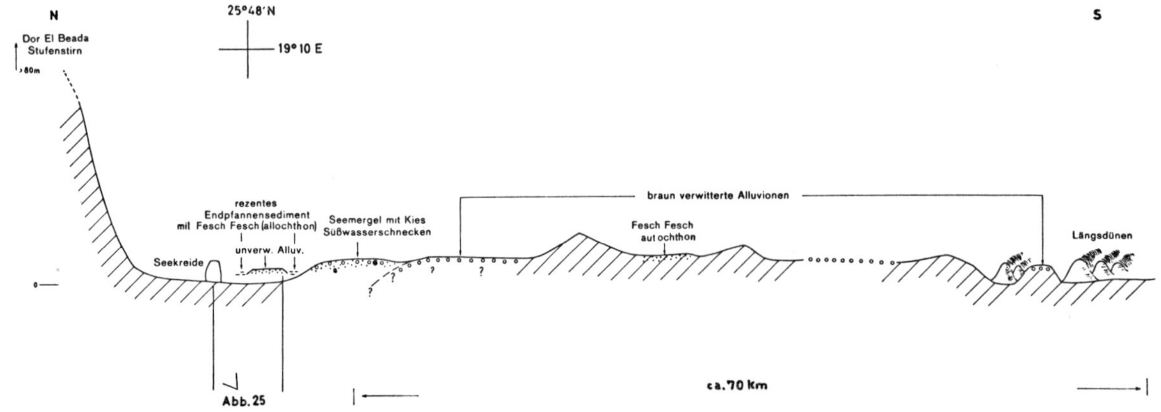

Ein zweites Vorkommen von Seesedimenten wurde am Südrand der Dor el Beada gefunden (Fig. 12, Abb. 25). Es handelt sich um gebankte Seekreide (52,8 % $CaCO_3$) mit Zwischenhorizonten (ca. 1 mm mächtig) aus organischem Material. In den oberen 20 cm des Sediments sind zahlreiche Süßwasserschnecken vorhanden. Eine 14-C-Datierung ergab 5110 ± 295 (Hv 3768) für die Schnecken und 5295 ± 145 (Hv 3769) Jahre B. P. für den Seekalk.

Tabelle 4
Die Bestimmung von Pollen aus einem Muddehorizont 60 cm unterhalb der vom Wind deflatierten Oberfläche der Seekreide erbrachte folgendes Spektrum:

| | |
|---|---|
| *Salvadoraceae* | 2 |
| *Pinus* | 2 |
| *Betulaceae* | 1 |
| *Ostrya/Carpinus* | 1 |
| *Quercus pub.*-Typ | 3 |
| *Juglandaceae* | 2 |
| *Oleaceae* | 1 |
| *Fraxinus ornus* | 3 |
| *Olea* | 2 |
| *Pistacia* | 1 |
| *Gramineae* * | 37 |
| *Cyperaceae* | 5 |
| *Cerealia*-Typ | 1 |
| *Typha/Sparg.* | 1 |
| *Caryophyllaceae* | 5 |
| *Lythraceae* | 1 |
| *Papilionaceae* * | 1 |
| *Polygonaceae* | 1 |
| *Rumex* | 1 |
| *Valesianaceae* | 1 |
| *Compositae tubulifl.* * | 7 |
| *Artemisia* | 3 |
| *Chenopodiaceae* * | 2 |
| *Polypodiaceae* | 13 |
| *Pteris* | 3 |
| *Varia* | 21 |
| Summe | 121 |

Pollenanalyse und vegetationskundliche Interpretation nach SCHULZ, E. (1971).

Es handelt sich zumeist um Nichtbaumpollen, davon zum größten Teil Gräser und trockenresistente Kräuter. Daneben gibt es feuchteliebende Arten: *Rumex, Lythraceae, Valerinaceae* und *Polydiaceae*. Varia bezeichnet nicht bestimmbare oder aufgrund von Vergleichsmaterial nicht identifizierbare Pollen.

Die Gehölze gliedern sich zu etwa gleichen Teilen in Arten der mediterranen Macchia — *Salvadoraceae* als sahelisches Element — und in die der mediterranen Gebirge.

Es hat sich also um einen See mit einer Verlandungszone gehandelt. Er war von einer offenen Vegetation mit diffusem Baumwuchs umgeben. Bei den montanen Arten (*Pinus, Betula, Ostrya* und *Quercus pubescens*) ist allerdings Einwehung nicht auszuschließen.

Die im Profil aufgeführten Arten kommen bis auf die mit einem * gekennzeichneten heute erst auf der Südabdachung des Djebel Akhdar und der Küstenregion sowie vereinzelt in den Wadis auf der Ostabdachung der Harudj vor (vgl. SCHOLZ, 1971).

Ein schematisches Profil (Fig. 12) gibt die Lage des durch Deflation isolierten Restvorkommens der Seekreide zu den fluvialen Akkumulationen im Süden der Stufe wieder.

Südlich der der Stufenstirn parallel laufenden Fußzone, welche die rezenten Wadis aufnimmt, liegt ein sandiger Seemergel, der zahlreiche Süßwasserschnecken enthält. Es ist anzunehmen, daß er die Randfazies des ehemaligen Sees darstellt; er ist mit einer Grobkiesakkumulation verzahnt, die parallel zur Stufenstirn nach Nordosten zu verfolgen ist. Neben Quarzkieseln und Kalkgeröllen enthält die Akkumulation gut gerundeten — vom Sandstrahlgebläse des Windes häufig bis auf die Hälfte des ursprünglichen Volumens korradierten — Basalttuff und in der Korngröße um 1 cm saure Vulkanite (!) und Schiefer (!). Während der Hauptanteil an basischen Vulkaniten sicherlich von der Harudj stammt — dem entspricht auch der plötzliche Anstieg der Korngröße — müssen die sauren Vulkanite und Schiefer aus dem Süden herantransportiert worden sein. Wegen des Zusammenhanges mit der südlicher liegenden Alluvialdecke und der braunen Feinmaterialmatrix (40 cm tiefer Schurf) wird diese Akkumulation der „älteren" Sedimentdecke (vgl. Fig. 2) zugeordnet.

In tieferem Niveau liegt eine weitere fluviale Akkumulation (in Fig. 12 „unverw. Alluv"). Das Material besteht aus Sand mit einer Dachlage aus Grobkies. Eine braune Feinmaterialmatrix fehlt. Die rezente Sedimentation der episodisch von der Stufe abkommenden Gerinne besteht aus Schluff und in den gröberen Fraktionen aus lokalem, wenig gerundetem Detritus, z. B. aus fossilreichen Kalk- und Tonstein sowie Fe-Mn-Konkretionen. Diese Sedimente sind diskordant an den Grobkies angelagert.

Der Sedimentkörper führt neben gerundetem, lokalem Material Basalte, Basalttuff und saure Vulkanite. Er stellt offenbar eine weitere fremdräumige fluviale Akkumulation dar. Wegen des Mangels an Feinmaterial und der Lage der Akkumulation zu den rezenten Endpfannen am Stufenrand wird sie der „jüngeren" Alluvialdecke (vgl. Fig. 2) *tentativ* zugeordnet. Eine direkte Verbindung zu den im südlichen Teil der Serir Tibesti liegenden „jüngeren" Alluvionen konnte jedoch nicht hergestellt werden.

Nachfolgend soll die Frage diskutiert werden, inwieweit der Nachweis von Seen auf der Serir Tibesti geeignet ist, eine feuchtere Klimaphase gegenüber dem rezent hochariden Zustand anzunehmen.

Es ist zuerst der unterschiedliche Habitus der limnischen Sedimente (Seekreide und Seemergel) im Gegensatz zu den Endpfannenabsätzen hervorzuheben.

Wie schon erwähnt, handelt es sich bei den Endpfannensedimenten um die Ablagerung fluvialer Schwebstoffe, die zu einer laminierten, warvenähnlichen Schichtung von Schluff und Ton führt. Der Kalkgehalt beträgt in der Endpfanne des Yebigué, gemittelt aus 25 Proben, 2,25 % $CaCO_3$. Zwischenlagen von Sand in den Endpfannensedimenten belegen die Einwehung von Flugsand (SOMMER, K., Veröffentlichung in Vorbereitung). Weitere Zwischenhorizonte von glimmerreichem Feinsand zeigen wechselnde Sedimentzufuhr bei gelegentlich sehr hoher Wasserführung des Enneris an. Kreuzschichtungen und verfüllte Gerinnebahnen belegen fluviale Aktivität. Gastropoden und Diatomit konnten weder in den rezenten Endpfannensedimenten des Yebigué, des Oyouroum noch in der Endpfanne des Bardagué gefunden werden.

Die Sedimente am Südwestrand des Djebel Nero und an der Dor el Beada bestehen dagegen aus weißem bis hellgrauem Material mit 21,2 % bis 50,9 % Gehalt an $CaCO_3$. Die über der weißen Seekreide folgenden Seemergel sind von verkalkten Röhren (Schilf?) durchzogen. Die bis zu 10 cm mächtigen Horizonte enthalten Süßwasserschnecken. In der hellgrauen Dachlage tritt eine Mudde führender Horizont in Millimeterstärke auf.

Die Schnecken setzen sich aus folgenden Arten zusammen:

Tabelle 5

| Djebel, Nero, Seekreide | aus 6 m Tiefe | | aus 4 m Tiefe | |
|---|---|---|---|---|
| | n | % | n | % |
| *Melanoides tuberculata* | 2 | 0,28 | 113 | 1,45 |
| *Lymnaea nataliensis* | 9 | 1,29 | 21 | 0,27 |
| *Bulinus truncatus* | 185 | 26,69 | 202 | 26,09 |
| *Valvata tilhoi* | 384 | 55,41 | 360 | 46,59 |
| *Biomphalaria pfeifferi* | 112 | 16,16 | 198 | 25,57 |
| unbestimmt | 1 | 0,14 | | |

Tabelle 6

Das Seesediment an der Dor el Beada zeigte folgende Population:

| | | % | |
|---|---|---|---|
| *Melanoides tuberculata* | 227 | 62,5 | Afrikan.-orient. Arten |
| *Lymnaea nataliensis* | 10 | 2,7 | Äthiop. Arten |
| *Bulinus truncatus* | 74 | 20,4 | Afrikan.-Äthiop. Arten |
| *Valvata tilhoi* | 28 | 7,7 | Afrikan. Arten |
| *Biomphalaria pfeifferi* | 24 | 6,6 | Afrikan. Arten |

Über das bevorzugte Ökotop finden sich bei JAECKEL (1969) folgende Hinweise:
*Melanoides tuberculata* ist eine sehr anpassungsfähige Art, die in Brackwasser und Thermen leben kann. Sie kommt lebend im Tibestigebirge vor.
*Bulinus truncatus*: in ruhigen Gewässern. Lebend noch im Tibestigebirge angetroffen.
*Biomphalaria pfeifferi*: in kleinen bis mittelgroßen, ruhigen, pflanzenreichen Gewässern lebend.
*Lymnaea nataliensis* ist rezent im tropischen Afrika weit verbreitet. Im westlichen Tibesti wurde sie fossil in den Sedimenten des Begour-Kratersees von SPARKS und GROVE (1961) gefunden.

Zu mehr als einem Hinweis auf die ökologischen Bedingungen im Sedimentationsraum möchte der Verf. die Schneckenfunde vorerst nicht benutzen, weil in die Ableitung etwa eines Nord- oder Südpluvials aus dem Auftreten paläarktischer oder afrikanischer Arten folgende Fehlermöglichkeiten eingehen, die in ihrer Größenordnung noch nicht abschätzbar sind:

In der Höhenregion des Tibestis haben sowohl paläarktische wie afrikanische Arten nebeneinander existiert (JAECKEL, 1969). Mit zunehmender Feuchtigkeit haben sich sämtliche Arten in das Vorland ausgebreitet — wie die Probenzusammensetzung beweist. Damit ist aber die Herkunft der Feuchtigkeit — die wesentlich in den Begriff Nord- und Südpluvial eingeht — nicht bestimmt; da die Gebirge sowohl bei südlicher wie bei nördlicher Feuchtigkeitszufuhr stets höhere Niederschläge als die umliegenden Bereiche erhalten. Allein der Nachweis zunehmender Trockenheit nach Norden würde ein Südpluvial nachweisen. Das vorliegende Material gestattet diese Ableitung aber keineswegs. Es muß darüberhinaus aus diesen allgemeinen Erwägungen zweifelhaft bleiben, ob die Ableitung eines Nord- oder Südpluvials am Beispiel von Proben aus den Gebirgen überhaupt möglich ist.

Ganz abgesehen von der ungelösten Frage, inwieweit die Prozentsätze der Arten überhaupt zu bewerten sind, da alle ökologischen Fakten (Temperatur, Pflanzenwuchs, Konkurrenz, Ausbreitungsgeschwindigkeit etc.) ungeklärt sind.

Seekreide wie Seemergel enthalten neben Gastropoden auch eine reiche Diatomeenflora (Tab. 7). (Für die Bestimmung danke ich Herrn Prof. Dr. GERLOFF, Bot. Mus. Berlin.)

Es handelt sich überwiegend um Flachwasserepiphyten. Von 20 bestimmten Arten in den Häufigkeitsgraden 3 bis 5 sind nur 6 halophil. Eine jahreszeitliche Verbrackung des Wassers ist aufgrund der Artenzusammensetzung auszuschließen. Eine Abschätzung des Salzgehaltes ist schwierig, er lag jedoch — aufgrund des Vergleichs der Arten — niedriger als beispielsweise der des rezenten Wassers in der Oase Gafsa (Tunesien). Eine Ableitung der Wassertemperatur ist nicht möglich, weil die meisten Arten eurytherm sind. Tropische Arten sind mit weniger als 10 % vertreten.

Wie die Gastropodenfauna, die Diatomeenflora und das Fehlen von Salztonhorizonten in den limnischen Sedi-

**Tabelle 7**
Die folgenden Arten mit den Häufigkeitsgraden 3-5 wurden in einer Probe des „weißen" Seesediments (Probe D 66 b) festgestellt (GERLOFF):

*Anomoeonis sphaerophora* \* (Kütz.) Pfitzer
*Cyclotella meneghiniana* \* Kütz.
*Cymbella aspera* (Ehr.) Cleve
*Cymbella prostrata* \* (Berkeley) Cleve
*Cymbella turgida* \*\*\* (Greg.) Cleve
*Cocconeis placentula* Ehr.
*Cocconeis placentula* var. *lineari* (Ehr.) Cleve
*Cocconeis placentula* \*\*\* var. *euglypta* (Ehr.) Cleve
*Epithemia argus* Kütz.
*Epithemia sorex* \* Kütz.
*Epithemia turgida* (Ehr.) Kütz.
*Epithemia turgida* \* var. *granulata* (Ehr.) Grun.
*Fragilaria brevistriata* Grun.
*Gomphonema constrictum* Ehr.
*Gomphonema constrict* var. *capitatum* (Ehr.) Cleve
*Gomphonema gracile* \*\*\* Ehr.
*Navicula oblonga* \*\* Kütz.
*Navicula radiosa* Kütz.
*Rhopalodia gibba* (Ehr.) O. Müll.
*Synedra ulna* (Nitzsch) Ehr.

Die mit einem \* gekennzeichneten Arten sind halophil.

Die mit zwei \*\* gekennzeichneten Arten sind schwach halophil.

Die mit drei \*\*\* gekennzeichneten Arten haben ihre Hauptverbreitung in den Tropen.

---

menten zeigen, sind die Seen nicht mit Sebkhas zu vergleichen.

Erst nach Durchlaufen des Endpfannenstadiums (Seekreide, Seemergel = Seestadium; siltig-tonige Dachlage = Endpfannenstadium) setzte eine erneute fluviale Akkumulation von Feinsanden ein, in denen ein Salztonhorizont entsprechend einer Sebkha ausgebildet wurde.

Im Einklang mit der Abwesenheit von planktonischen Diatomeenarten steht die relativ geringe, auch aus den Feldbefunden abschätzbare Wassertiefe von 3 bis 5 m, höchstens 8 m.

Diese kleine Wassermenge muß sehr empfindlich auf eine hohe Verdunstung reagieren. Angesichts der heutigen potentiellen Verdunstungswerte von 6 m/Jahr (DUBIEF, 1963) setzt die Existenz eines Süßwassersees im Zentrum der Serir Tibesti eine große Wasserzufuhr voraus, auch wenn die Verdunstung gegenüber heute vielleicht durch niedrigere Temperaturen herabgesetzt war. Sie könnte durch Fremdzufluß aus dem Tibesti, durch einen gegenüber heute um ca. 14 m gestiegenen Grundwasserspiegel oder durch örtlichen Zufluß erklärt werden.

Die Zertalung des Djebel Nero mit einer vorhandenen Terrasse beweist örtliche Niederschläge. Der erhöhte Fremdzufluß ist aus der Verbreitung der Alluvionen abzuleiten, ein Anstieg des Grundwasserspiegels kann ebenfalls unschwer durch den Einfluß des Tibestigebirges erklärt werden. Unter Berücksichtigung des geringen Gefälles der Serir von etwa 1 ‰ würde ein Anstieg des Grundwasserspiegels um 14 m weite Teile der Oberfläche in seine Nähe bringen. Erhöhte örtliche Niederschläge hätten einen gleichen Effekt. Die Zufuhr von Oberflächenwasser aus dem Tibesti in die von MECKELEIN (1959) als seit dem Tertiär hyperarid gedachte Region müßte angesichts der geringen Wassertiefe des Sees mindestens periodisch erfolgt sein. Dies setzt aber hohe Niederschläge im Gebirge voraus, die sicher auch höhere Niederschläge im Vorland verursachten.

Daher ist anzunehmen, daß sowohl örtliche Niederschläge eine demzufolge herabgesetzte Verdunstung sowie erhöhter Grundwasserspiegel und Fremdzufluß in einem noch nicht geklärten quantitativen Zusammenspiel die Existenz eines Süßwassersees ermöglichten, in einer Klimaphase, in welcher der rezente, hocharide Zustand der Serir Tibesti nicht bestand. Mehr noch als beim See am Djebel Nero gilt die Speisung aus Niederschlägen für den an der Dor el Beada gelegenen See. Der Ostrand des Djebel Harudj liegt über 90 km westlich und erreicht in dem infrage kommenden Einzugsgebiet nur ca. 450 m Höhe ü. M.

Ein Vergleich mit den benachbarten Gebieten zeigt, daß die Seebildung auf der Serir Tibesti nicht isoliert steht. Am Nord- und Ostrand des Erg von Murzuk werden von BELLAIR (1947) die fossilführenden lakrusten Sedimente vier Pluvialen und drei Interpluvialen zugeordnet. Mächtige Seeabsätze sind ferner im Westen der Serir Tibesti in etwa 500 m ü. M. bei ca. 24° 20' N, 14° 32' E aufgeschlossen. Von HECHT, FÜRST und KLITZSCH (1963) werden aus dem Erg von Zellaf lakruste Sedimente erwähnt. Die Verfasser schließen aus Felsbildern von Booten im Fezzan auf die Existenz „größerer Seen in der Sahara". Im Gebiet des Erg von Giarabub konnten DICESARE, FRANCHINO und SOMMARUGA (1963) eine vier- bis fünfmalige Abfolge von Süßwasser- und Brackwassersedimenten nachweisen, sie werden mit einigen Abweichungen in die Gliederung von BELLAIR eingepaßt. Am Ostrand des Djebel Ben Ghnema gliedert ZIEGERT (1969) eine in das obere Acheul datierte Feuchtphase aus, die im Gebirgsvorland mit der Bildung von roten Seeakkumulationen verknüpft ist.

Wenn auch der zeitliche Zusammenhang der Befunde noch nicht geklärt ist, bleiben doch sehr wichtige Indizien, die für eine feuchtere Klimaphase sprechen, die auch die Flachbereiche der zentralen Sahara erfaßten.

Über den regionalen Rahmen der zentralen Sahara hinaus unterscheidet FAURE (1969) in einem vom Atlantik bis zum Nil zwischen 14° und 22° N sich erstreckenden Gürtel zwei Perioden der Seebildung. Die erste beginnt ca. 12 000 B. P. mit einem Maximum um 8000 B. P. und einer Austrocknungsphase gegen 7000 B. P. Die zweite liegt zwischen 5500 B. P. und etwa 3000 B. P. Die Schnecken in der Seekreide des Djebel-Nero-Sees wurden mit 7570 B. P. und die Seekreide sowie Schnecken vom See an der Dor el Beada mit 5295 B. P. bzw. 5110 B. P. datiert, was sich in die von FAURE (1969) angenommenen Phasen einfügen könnte.

## 5. Die vorgeschichtlichen Zeugnisse

Neben die morphologischen Befunde, welche gegen die Annahme eines persistierenden hocharidenRaumes sprechen, treten einige Beobachtungen über vorgeschichtliche Zeugnisse.

Von den Randbereichen der Serir Tibesti sind vorgeschichtliche Funde seit längerem bekannt, so beschreiben DESIO (1942), LELUBRE (1948) und KLITZSCH (1967) Felsmalereien und Steinwerkzeuge aus dem Eghei. ZIEGERT (1967) konnte im Djebel Ben Ghnema eine Kulturenfolge vom Acheuléen über das Moustérien und Atérien bis zum Neolithikum, verbunden mit drei fluvialen Akkumulationsphasen, nachweisen. Vom Tibestigebirge werden von DALLONI (1934), DESIO (1942) und HUARD (1962) Felsbilder und Artefakte beschrieben.

In jüngster Zeit legten GABRIEL (1971) und ZIEGERT (1969) Befunde aus dem Tibesti und seinem nördlichen Vorland vor. GABRIEL wies nach, daß das Neolithikum über die Endpfanne des Bardagué nach Norden vorstieß. Alle diese Befunde liegen noch in den Randbereichen der Gebirge, so daß der Einwand, daß die Feuchtphasen allein auf die Gebirge beschränkt waren, nur durch die Befunde aus den heute extrem ariden Bereichen, nämlich dem Zentrum der Serir Tibesti, erschüttert werden kann. Nach Ansicht des Verfassers lassen sich seine Funde wie folgt untergliedern:

1. Steinplätze (Abb. 26)

Es handelt sich um auf einer Stelle zusammengetragene, gut gerundete, eine ungefähr einheitliche Größe aufweisende Schotter aus ganz verschiedenen Gesteinen [5]. Der in situ Zerfall eines größeren Gesteinsbrocken scheidet damit als Erklärung von vornherein aus. Häufig treten die Plätze in Gruppen zu viert bis acht auf, wobei eine Hanglage am Rande von Senken — fossile Gerinnebahn — offenbar bevorzugt ist. Zahlreiche Funde von Artefakten (z. B. Abb. 28) (Pfeilspitzen, Schabern, Nadeln, Kernsteinen, Reibeschalen und Läufersteinen) verbunden mit Straußeneischalen, sind in der unmittelbaren Umgebung der Steinplätze häufig, im Gegensatz zu der sonst nur Einzelfunde aufweisenden Serirfläche. Die Gerölle sind offensichtlich nach der

---
[5] Vermutlich machte MECKELEIN (1959, Seite 109) eine ähnliche Beobachtung, indem er bemerkt: „Mehrere Male wurde eine merkwürdige Konzentrierung einzelner bunter Kiesel (bis Eigröße) in einem Radius von 0,5 bis 1 m auf einer Fläche beobachtet, die sonst nur aus Feinkies bestand."

Größe ausgewählt und manchmal sogar nach der Farbe (z. B. weiße oder rotbraune Quarz- und Quarzit-Schotter).

Die Funktion ist noch ungeklärt, einige Aufgrabungen zeigten, daß die Gerölle höchstens in dreifacher Lage geschichtet wurden. Es scheint sich, wie aus einigen Aufgrabungen hervorgeht, nicht um Gräber[6] zu handeln. Lediglich vereinzelt wurden Knochensplitter und geringe Mengen von Holzkohle gefunden. Im fossilen Mündungsbereich des Enneri Oyouroum bestehen die Steinplätze aus über faustgroßen Basaltbrocken, die lagenweise aufgeschichtet wurden, so daß kleine Podeste, die etwa um 40 cm die umgebende Fläche überragen, entstanden. Bei diesen Formen ist jedoch die Möglichkeit, daß es sich um Anlagen von Tubus handelt, nicht auszuschließen.

Auf der Serir dagegen sind es immer flache Gebilde, die nur um ca. 10 cm die Oberfläche überragen. Sie sind nachträglich durch Spülvorgänge und Windwirkung abgeflacht worden. Der Kern der Steinplätze ist generell reicher an Feinmaterial (Schaumboden) als die Umgebung.

Die Verbreitung der Steinplätze ergibt folgendes Bild: Sie fehlen in der rezenten Endpfanne sowohl des Bardagué wie Yebigué. Erst nördlich der Endpfanne des Yebigué, im Bereich der „jüngeren" Sedimente, treten sie in den oben skizzierten Geländepositionen auf und sind noch ca. 25° N häufig.

Am Djebel Nero wurden zahlreiche Artefakte in den zu Fesch-Fesch verwitterten fossilen Schlammabsätzen gefunden, darunter ein tailliertes Steinbeil. Es handelt sich dabei möglicherweise um jüngere Kulturreste, als sie in den Steinplätzen vorliegen.

Der Fund belegt ein junges Alter der Fesch-Fesch-Bildung. Da Staubböden andererseits als ein Charakteristikum der Kernwüste angesehen werden, ergibt sich die Notwendigkeit, dieses Kriterium neu zu überprüfen. Steinplätze kommen auch zwischen den Barchanen vor, die aus der Rebiana-Sandsee nach Südwesten vorstoßen.

Innerhalb des Bereiches zahlreicher Gesteinsausbisse, Schichtkämme und Inselberge, zwischen 25° N und 25° 40' N und an der Dor el Beada sind die Steinplätze auf die Landterrassen beschränkt. Das Gebiet ist jedoch reich an Einzelfunden. FÜRST (1970) legte Artefakte des Levallois-Moustérien aus der Nähe des Bir al Maruf vor.

Nördlich der Dor-el-Beada-Schichtstufe sind die Steinplätze an das Auftreten der ersten fossilen Gerinnebahn und fluvialen Akkumulationen gebunden. Im Bereich des Wadi Behar Belama folgen sie der Talung und treten im unteren Niveau, vgl. Fig. 8, auf. Es kann somit eine kontinuierliche Verbreitung der Steinplätze vom Nordrand der rezenten Endpfannen des Tibestigebirges bis in den Raum der Serir Calanscio als erwiesen gelten. Indirekt sind Reibeschalen, Klingen, Schaber und Perlen aus Straußeneischalen durch die Datierung von Knochen (Bovide) (Fundstelle am Westrand des Djebel Eghei, Enneri Oyouroum, Fig. 13) mit ca. 5000 B. P. zeitlich bestimmt. Nach QUEZEL und MARTINEZ (1961) wurde die Serir Tibesti in der Periode des Moustéro-Atérien von einer mediterranen Steppe eingenommen.

Nach LELUBRE (1948) gehören die Darstellungen von Rindern und Giraffen im Eghei in das Neolithikum. DICESARE et al. (1963) beschreiben aus der Sandsee von Calanscio neolithische Fundplätze. GABRIEL (frdl. mdl. Mittlg.) barg in Steinplätzen auf der Serir Calanscio bei 26° 15' N, 19° 20' E Holzkohle, die ein Alter von $5510 \pm 370$ B. P. (Hv 4113) ergab.

Im Licht dieser Befunde erhält die Hypothese ARKELLs (1952) besonderes Gewicht, wonach zwischen dem Tibesti und dem Niltal im Neolithikum eine Verbindung bestanden hat.

Unabhängig von dieser speziellen Problematik bleibt festzuhalten, daß in einer neolithischen (?) Feuchtphase sogar das Zentrum der Serir Tibesti Gruppen von Jägern (Pfeil- und Speerspitzen) und Sammlern (Reibeschalen und Läuferstein) Lebensmöglichkeiten bot.

2. Die zweite Gruppe von Artefakten ist durch die primitiveren Formen und eine andere Lage der Fundplätze gekennzeichnet.

Am Djebel Nero ist diese Gruppe von Artefakten offenbar ausschließlich auf die hochgelegenen Partien beschränkt. Die in Abb. 29 abgebildeten Artefakte werden von GABRIEL und TILLET (frdl. mündl. Mittlg.) als paläolithisch angesehen. Sie wurden dicht unter der Oberfläche einer über den Seesedimenten (Fig. 11 b) ausstreichenden Grobschotterterrasse gefunden.

Die Hochfläche des Ehi Arayé ist übersät von Steinschlagplätzen, die mit einem gegen Nordost gerichteten Mäuerchen (Windschirm?) versehen sind (Abb. 27). Auf Grund typologischer Merkmale und der Geschlossenheit der Fundplätze ohne eindeutig jüngeres Material sind diese Artefakte älter als neolithisch (GABRIEL, frdl. mündl. Mittlg.); obgleich aus allgemeinen Erwägungen die später erneute Nutzung der an der Oberfläche der Inselberge ausstreichenden Quarzitbänke eigentlich sehr wahrscheinlich ist.

Damit erhebt sich die Frage, warum diese offenbar älteren Artefakte nicht auch außerhalb des höherliegenden Geländes vorkommen. Es liegt die Vermutung nahe, daß sie durch jüngere Akkumulationen im Raum der Serir Tibesti umgelagert und verschüttet worden sind.

---

[6] ZIEGERT (frdl. Mittlg.) deutet die Interpretation als Pflaster, vielleicht für das Abhäuten von Tieren, an.
GABRIEL (1972 a) denkt an Feuerstellen, spezielle Studie in Vorbereitung.

Abb. 18 Aerodynamische Formbildung (Yardang) in den Seesedimenten am Djebel Nero. Untere helle Lage = „weißes" Seesediment; Obere dunkle Lage = „graues" Seesediment. Höhe ca. 1,7 m. Im Hintergrund limnische Sedimente mit einer verschwemmten Dachlage fluvial transportierten Sandes („jüngere" Akkumulation).

Abb. 19 Vorn, fluviale Sande („jüngere" Alluvionen) mit Deflationspflaster. 1. „weißes" Seesediment; 2. „graues" Seesediment; 3. Dachlage eines hellbraunen schluffigen Stillwassersediments von Endpfannenhabitus. Größe der Person 1,85 m. Hintergrund Ausläufer des Djebel Nero.

Abb. 20 Feinschichtung des auf das „weiße Seesediment" folgende einen höheren Anteil Schluff enthaltende „graue Seesediment" mit mineralisierten Wurzelbahnen und Pflanzendetritus. Auch dieses Material enthält Diatomeen und Süßwasserschnecken. Entnahmeort: vgl. Abb. 19, Stratum 2.

Abb. 21 Strandwall am SW-Rand des Djebel Nero. Links Osten Stufenrand des Djebel Nero.

Abb. 22 Grobkieswälle mit Deflationsdecke am SE-Rand des Nero-Seebeckens. Sie erreichen eine relative Höhe von über 2,5 m. Die ursprüngliche Höhe muß etwa 60 cm höher gelegen haben, wenn man die Anreicherung der Grobkiesel und Schotter an der Oberfläche im Verhältnis zu ihrer Häufigkeit unterhalb der Deflationsdecke berücksichtigt. Durch Verschwemmung ist Material vom Wall in der Umgebung abgelagert worden, so daß sich um diesen schwer abzuschätzenden Betrag die ursprüngliche relative Höhe des Walles vergrößert.

Abb. 23  1. Felsterrasse mit Schotterstreu; 2. Talboden, welcher auf der Oberfläche der 3. „jüngeren" Alluvionen (feinkörniger Sand und Fesch-Fesch) ausläuft; 4. Seeboden, Oberkante des „grauen" Seemergels. Größe der Person 1,85 m.

Abb. 24  SW-Seite des Djebel Nero. 1. Unterkante eines Tamariskenhügels (Kupste); 2. Ca. 1,0 m mächtige Bank eines schluffigen Stillwassersediments; 3. „Graues" Seesediment, darunter „weißes"; 4. Durch Deflation flächenhaft tiefer gelegter Seeboden mit Flugsanddecke. Höhe des Fahrzeuges ca. 1,9 m.

Abb. 25  Gebankte Seekreide südlich der Dor el Beada. Vorn, vom Wind korradierter Sandsteinblock.

Abb. 26 Steinplätze auf der Serir Tibesti, ca. 24° 10' N; 17° 55' E. Sie liegen in einer fossilen Gerinnebahn. Seitlich treten flache Grobkieswälle, die die Gerinnebahn begleiten, auf. Die Wälle enthalten vereinzelt Schotter entsprechend der mittleren Größe in den Steinplätzen.

Abb. 27 Steinschlagplätze auf der Hochfläche des Ehi Arayé. Durchmesser der Plätze jeweils ca. 2 m. Die Steinmauern sind nach Nord-Ost gerichtet.

Abb. 28 Neolithisches Artefakt aus dem Raum der Serir Tibesti.
(Aufnahme: K. Wolfermann)

Abb. 29 Paläolithische (?) Artefakte (frdl. mündl. Mittlg. Gabriel und Tillet). Fundort: Terrasse am Djebel Nero (Niveau 1 in Abb. 23). Ca. 6 cm unter der Oberfläche.
(Aufnahme: K. Wolfermann)

## 6. Versuch einer zeitlichen Einordnung der im Raum der Serir Tibesti und Serir Calanscio verbreiteten fluvialen und limnischen Sedimente

Die unmittelbare Korrelation der Alluvialdecken auf der Serir[7] Tibesti mit den im Gebirge entwickelten Terrassen scheitert, weil die Terrassen im Bardagué schon vor der rezenten Endpfanne enden (nach HAGEDORN und JÄKEL, 1969) oder wie am Ausgang des Enneri Tideti zwar bis an den Gebirgsrand zu verfolgen sind, aber ihre Korrelierung mit den gebirgseinwärts liegenden Terrassen noch nicht vorgenommen werden konnte. Die Tideti-Terrasse ist in Fig. 2 tentativ mit der Signatur der „älteren" Alluvionen angegeben.

Die Zuordnung über den Materialbestand birgt Fehlerquellen, weil es keine nur für eine einzige Akkumulationsphase typischen Leitgerölle gibt.

Die Korrelation ist aber in Anbetracht folgender Tatsachen in Annäherung möglich:

Gegenwärtig wird bis an den Gebirgsrand nur Schweb und Trüb, sowie bei extremem Abfluß Feinsand transportiert und in den Endpfannen sedimentiert. Je größer das Abkommen, desto weiter nach Norden wird Feinsand bis in die distalen Teile der Endpfannen transportiert.

Im Gegensatz zu den rezenten Sedimenten im Flußbett führen die fossilen Terrassenkörper, z. B. im Unterlauf des Bardagué, Grobkiese und Schotter. Die jeweils kleineren Korngrößen müssen talabwärts innerhalb des fossilen Sedimentationskörpers gesucht werden und damit also im Raum der Serir Tibesti. Ausgehend von diesen Überlegungen sollen radiometrische Daten aus dem Gebirge und seinem nördlichen Vorland für die zeitliche Abgrenzung der Sedimentation herangezogen werden. Eine grundsätzliche Schwierigkeit bei einem Vergleich der im Gebirge morphologisch gut nachweisbaren Erosions- und Akkumulationsphasen mit den Vorgängen im Raum der Serir Tibesti ergibt sich aus der Überlegung, daß auf der Serir sowohl bei der Akkumulation grobkörniger Alluvionen in den Flußunterläufen wie bei der Erosion (Entstehung der Terrasse als Form) akkumuliert wird. Voraussetzung ist natürlich ein Flußregime welches im Gegensatz zu den rezenten Abflußverhältnissen nicht auf den Raum des Gebirges beschränkt bleibt.

Beginnen wir mit der Darlegung der jüngsten 14-C-Datierungen aus dem Raum der Serir Tibesti.

Achtzig Kilometer nördlich des Djebel Nero, 24° 18' N, 17° 35' E (siehe Fig. 2), wurde das Alter eines 20 bis 30 cm dicken, teils unter Sand verschütteten Akazienstamms zu 1765 ± 75 B. P. (31)[8] bestimmt. Akazien kommen nach Kenntnis des Verf. erst 220 km östlich, in ca. 900 m Höhe im Tal des E. Oyouroum sowie über 250 km südlich im Tibestigebirge vor.

An einem der abgestorbenen Tamariskenhügeln eines südwestlichen Ausläufers des fossilen Wadi Maruf, 25° 0' N, 17° 20' E, wurden, um das Aufwuchsalter zu

---

[7] „Serir" wird von den Forschern, die im Untersuchungsgebiet gearbeitet haben, wie folgt definiert:
MECKELEIN (1959), S. 58): Die Entstehung ist zu verdanken dem
Alluvial Serir „gelegentlichem, schichtflutartig abfließendem Wasser" und
Eluvial Serir „den Kräften der mechanisch-chemischen Verwitterung und Abtragung".
„Beide Typen aber sind Arbeitsformen der Jetztzeit."
Als Unterscheidungskriterium gegenüber der Hamada wird die Rundung des Serirmaterials benutzt.
DESIO (1939) untergliedert in „eluviale" und „alluviale" Serir, damit ist auch eine zeitliche Abgrenzung verbunden.
DICESARE et al. (1963, S. 1350) definieren: „Serir" as a more or less wide expanse covered by rock fragments of different lithology often rounded, with some sandy-clayey deposits." Im Arbeitsgebiet werden folgende Typen unterschieden: „alluvial", „eluvial" und „eolian". FÜRST (1965, 1966) spricht von Serirboden, z. B. in der Unterscheidung von Serirboden und Hamadaboden (Hamadaboden ist wohl gleich Hamada zu setzen), indem ausgeführt wird „Sie (die Hamada, d. Zit.) unterscheidet sich von den Serirböden lediglich durch ihren größeren Anteil an Grobbestandteilen, nicht durch irgendwelche Veränderungen des stofflichen Bestandes" (1965, S. 393). Die allochthonen Bestandteile im Serirboden werden andererseits betont, woraus der alluviale Charakter folgt.
Da sich nach FÜRST Hamada- und Serirboden nur durch die Form und die allochthonen Bestandteile des letzteren voneinander unterscheiden, wird weiter gesagt: „Der Serirboden mit seinen autochthonen und allochthonen Komponenten stellt eine Rumpffläche dar. Serir—Hamada—Erg erweisen sich somit als morphogenetische Einheit, als das Bildungsprodukt einer alten Rumpffläche" (1966, S. 413).
Die Definitionen der Serir (Reg bei CAPOT-REY, 1953) könnten aus anderen Untersuchungsgebieten erweitert werden (vgl. Diskussion bei MECKELEIN, 1959, S. 57).
Der Verfasser zieht es vor, bei fluvial transportiertem, allochthonem Material von Alluvialdecken zu sprechen. Ausbißbereiche des Anstehenden, welche durch eluviale Prozesse je nach Ausgangsgestein von einer Block-, Kies-, Grus- oder Grobsandbedeckung eingenommen werden, erhalten die Bezeichnung Block-Schutt-Grusdecke usw. Serir wird in Verbindung mit einem Namen, z. B. Serir el Gattusa, Serir Calanscio, nur als Gebietsbezeichnung ohne genetischen Gehalt benutzt.
Wie aus Fig. 2 hervorgeht, liegen im Raume der Serir Tibesti verschieden alte Sand, Kies und Schotter führende Alluvialdecken neben Blockdecken auf Basalt, Grobschuttdecken auf den tertiären Sedimentgesteinen, Grus- und Grobsanddecken auf der Kappungsfläche am Tibesti-Nordrand. Die Formen im Raum der Serir Tibesti entstanden zu verschiedenen Zeiten unter verschiedenen Prozessen. In der Gegenwart legt sich über die unterschiedlichen Formen ein einheitliches Prozeßgefüge; nur in diesem Sinne ist z. B. die Serir Tibesti als eine Einheit aufzufassen, als ein Raum mit einheitlicher Formung (vgl. MECKELEIN, 1959).

[8] Die Zahlen beziehen sich auf die Tabelle 8 und die Fig. 14 am Ende dieses Kapitels.

bestimmen, von der Basis und vom Top Blattstreu entnommen. Die 14-C-Bestimmung ergab: Basis = 2300 ± 145 B. P. (51), Top = 1625 ± 145 B. P. (50), Höhe des Hügels ca. 7 m.

Holz von der Basis eines Tamariskenhügels, welcher auf den Schluffabsätzen der Dachlage der Seekreide am Djebel-Nero-See aufgewachsen war, ergab ein Alter von 1435 ± 50 B. P. (32). Das Datum bestimmt mindestens die Endphase der Akkumulation im Endpfannenstadium.

Aus dem Bereich nördlich der rezenten Endpfanne des Bardagué liegen (HAGEDORN und JÄKEL, 1969, GABRIEL, 1972 a) ebenfalls aus Tamariskenhügeln die Daten 1840 ± 60 B. P. (33) und 1575 ± 95 B. P. (34) vor.

Die Daten belegen übereinstimmend eine sehr junge Feuchtphase, in welcher vom Nordrand des Tibestigebirges bis über 300 km nach Norden ein Environment existierte, welches etwa heute in den Endpfannen am Gebirgsrand entwickelt ist. Die abseits der Tiefenlinie — fossiler Bardagué mit „jüngeren" Alluvionen — aufgewachsene Akazie fügt sich in dieses Bild ein.

Am Westrand des Djebel Eghei wurde aus folgender Lokalität (Fig. 13) datierbares Material gewonnen:

Die datierten Knochen waren eingebettet in Grobschluff bis Feinsand, die zu flachen Wällen, am Rand des fossilen Enneri Oyouroum, aufgehäuft worden waren. Die Knochen zeigen Abrollungsspuren durch Wasser, andere sind vom Menschen (frdl. mündl. Mittlg. von Prof. POHLE, Berlin) bearbeitet worden. Sie stammen von Gazelle und Antilope sowie von einem sehr großen Boviden (linke Hälfte des 6. Halswirbels, die Bestimmung verdanke ich Mme. V. EISENMANN, Institut de Paléontologie, Paris).

Zahlreiche Abschläge, Reibeschalenteile und Reibesteine, sowie Perlen aus Straußeneischalen geben weitere Hinweise auf eine prähistorische Besiedlung und damit auf feuchtere Bedingungen in dem heute pflanzenleeren Gebiet. Das Artefakte und Knochen führende Sediment verschneidet sich zur Serir hin mit den „jüngeren" Alluvionen.

Gebirgswärts belegen Bohrungen und die Lageverhältnisse den Übergang in die fluvialen Sedimente in der fossilen Gerinnebahn des Enneri Oyouroum. Diese Alluvionen sind auf die Serir bis nördlich des Wendekreises zu verfolgen, wo sie sich mit denen des Enneri Yebigué und Enneri Tideti verzahnen, vgl. Fig. 2. Es darf deshalb angenommen werden, daß die Akkumulationszeit mit dem Knochenalter (5125 ± 185 B. P. [49]) angenähert übereinstimmt. Ein weiterer Bovide wurde in den „jüngeren" Alluvionen des Akkumulationsraumes des Enneri Yebigué unter ca. 23° 15' N, 17° 55' E dicht unter der Oberfläche gefunden (Best. verdanke ich Prof. REICHSTEIN, Kiel).

Das Alter der gerollten Knochen (Wassereinwirkung) von 3733 ± 535 B. P., gründend auf der Apatitfraktion, läßt offen, ob die Datierung der Knochen nicht infolge von Bikarbonataustausch im Grundwasser ein zu junges Alter angibt. Der Vergleich von Knochenproben, in welchen sowohl die Apatitfraktion 2350 ± 410 B. P. [49 a]) und die Kollagenfraktion (5125 ± 185 [49]) datiert wurde, bestätigt diese Vermutung. Die Knochenalter 5125 ± 185 B. P. und 2350 ± 410 B. P. sollten somit zwei relativ feuchte Phasen belegen. Dies steht in Übereinstimmung mit dem Alter des Tamariskenhügels 2300 ± 145 B. P. (51) im Wadi Maruf (nach GEYH, unveröff. Kommentar zu Hv 3761-3769, 1971). Damit ist nicht ausgesagt, daß zwischen den beiden Daten eine Trockenphase zu denken ist, sondern daß das jüngere Datum das Ende einer insgesamt gegenüber der Gegenwart feuchteren Phase bestimmt.

Die Datierung von Süßwasserschnecken und Kalk aus den limnischen Sedimenten an der Dor el Beada ergab ein Alter von 5110 ± 295 B. P. (52) für die Gastropoden und 5295 ± 145 B. P. (53) für den Seekalk. Wie in Fig. 8 skizziert, ist der Zusammenhang dieser limnischen Sedimente mit den Alluvionen nicht zweifelsfrei gesichert, aber wahrscheinlich. Ungeachtet dessen bleibt die zeitliche Übereinstimmung einer Seebildung am Nordrand der Serir Tibesti mit fluvialer Sedimentation des Enneri Oyouroum im Raum der Serir.

HAGEDORN und JÄKEL (1969) kommen aufgrund von Terrassenstudien und 14-C-Datierungen im Enneri Bardagué zu einer Schätzung des Aufbaus der Niederterrasse in der Zeit zwischen 4000 bis 6000 B. P. Andererseits gibt GABRIEL (1971) aufgrund der Datierung eines Elefantenknochens für die Niederterrassenakkumulation des Enneri Dirennao, ca. 1300 m ü. M., ein Alter von ungefähr 2500 B. P. (23) an. Dieser Widerspruch läßt sich aufgrund der Befunde in der Serir Tibesti auflösen. Denn der Beginn des Aufwachsens der Tamariskenhügel im Wadi Maruf ist mit 2300 B. P.

Fig. 13  Lageskizze des Fundortes von 14-C-datierten Knochen am Talausgang des Enneri Oyouroum auf die Serir Tibesti.

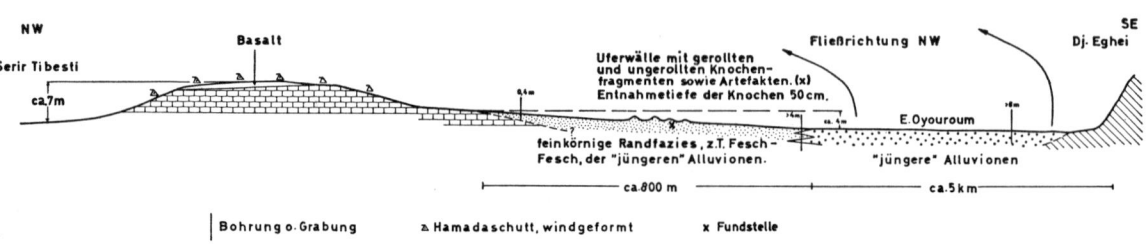

(51) datiert; ebenso markiert die Apatitfraktion der Knochen (Fig. 13) mit 2350 B. P. (49 a) eine feuchtere Phase. Das Aufwachsen des Tamariskenhügels auf den Seeabsätzen am Djebel Nero kann unter Berücksichtigung der Aufwachszeit um 2100 B. P. angesetzt werden.

Die Aufwachsphase der Tamariskenhügel entspricht somit zeitlich der Akkumulation der Niederterrasse GABRIELs im Gebirge (1300 m ü. M.) und zeigt, daß um 500 m ü. M. Verhältnisse entwickelt waren, die annähernd den rezenten Endpfannen (bei 700 bis 800 m ü. M.) glichen. Hierin drückt sich eine Phasenverschiebung aus, wie sie durch die Vorstellung einer rückschreitenden Akkumulation in der zweiten Hälfte einer klimatischen Feuchtphase erklärt werden kann, in der die Flüsse immer weniger weit in das Vorland vorstießen, bis schließlich selbst die feinkörnigen Alluvionen nur noch bis an den Gebirgsrand gelangten und die gröberen Fraktionen im Gebirge akkumuliert wurden. Zugleich setzt im Vorland die formende Wirkung des Windes ein, welche sich mit steigender Trockenheit verstärkt.

Als Beleg für die einsetzende äolische Formung werden die Flugsandlagen im Tamariskenhügel angesehen.

Unter der Annahme einer Verknüpfung zwischen Feuchtphase und Vorstoß der Flüsse in den Raum der Serir steht zunächst nur die um 5100 B. P. nachgewiesene, gegenüber heute feuchtere Phase zur Verfügung, um die unter den Tamariskenhügeln liegenden und die Seesedimente am Djebel Nero bedeckenden feinkörnigen Alluvionen zu erklären. Demnach stellt die Niederterrassenakkumulation und ihr Ausraum das Pendant zu der „jüngeren" Alluvialdecke im Raum der Serir Tibesti dar.

Die zeitliche Abgrenzung zum Älteren ergibt sich aus folgenden Befunden. Aus dem oberen Drittel der Seekreideakkumulation (Nero-See) liegt das Datum 7570 ± 115 B. P. (30) vor. Nach MOLLE (1971) endete die Akkumulation der Mittelterrasse in ca. 1200 m ü. M. im Bardagué um 7380 ± 110 B. P. (25). Übereinstimmend wird die Mittelterrassenakkumulation aufgrund von Schneckenfunden, Seekreidebildungen und Pollen in eine feuchte Klimaphase eingeordnet (HAGEDORN und JÄKEL, 1969, GRUNERT, 1970, im Yebigué nicht als eigene Akkumulation ausgeschieden, GABRIEL, 1972 a, und MOLLE, 1969). Weitere 14-C-Daten um 11 925 ± 300 B. P. sowie 9340 ± 85 B. P. (HAGEDORN und JÄKEL, 1969) aus dieser Akkumulation und eine Datierung durch MOLLE (1969) mit 14 055 ± 135 B. P. (36) von der Basis der Mittelterrassenakkumulation im Gebirge lassen vermuten, daß der Aufbau des Terrassenkörpers zwischen 7000 B. P und 15 000 B. P. erfolgte. Die klimatische Feuchtphase im Gebirge war also mit der Ausbildung eines Süßwassersees im Raum der Serir Tibesti verknüpft. Da über dem Probeentnahmepunkt im Djebel-Nero-See noch etwa 3 m Seekreide folgen, ehe der Umschlag zu Endpfannenähnlichen Sedimenten folgt, deren Mächtigkeit etwa 1 m beträgt, und nach MOLLE (1969) das Datum von 7380 B. P. (25) schon das Ende der Mittelterrassenakkumulation im Gebirge anzeigt, muß der See noch in der Anfangsphase der Mittelterrassenerosion existiert haben [9].

Damit stellt sich die Frage, ob die über den Seesedimenten folgenden feinkörnigen fluvialen Absätze nicht ebenfalls in die Erosionsphase des Mittelterrassenkörpers gehören. Die jüngere Alluvialdecke auf der Serir Tibesti würde danach in erster Näherung in den Zeitraum zwischen 7500 B. P. und 2300 B. P. zu stellen sein.

Eine schärfere Eingrenzung ergibt sich aus folgenden Befunden und Überlegungen:

Im Gebirge, 800 m ü. M. im Tal des Enneri Yebigué, wurden in einer Flugsandschleppe kalkverkrustete Wurzelballen gefunden. Die Datierung des Kalkes ergab ein radiometrisches Alter von 5730 B. P. (24). Die Flugsandschleppe dokumentiert eine Periode der Windwirkung in der die Höhengrenze der Akkumulation von Flugsand der heutigen glich [10]. Die kalkverkrusteten Wurzelballen belegen etwas feuchtere Bedingungen während derer die äolischen Sedimente durch Vegetation besiedelt wurden.

Aus dem Gebirgsvorland des Eghei und vom Südrand der Dor el Beada liegen insgesamt drei feuchtzeitlich interpretierbare Daten ähnlicher Zeitstellung (49, 5.125; 52, 5.110; 53, 5.295) vor. Die im gleichen Raum auftretenden fluvialen Sedimente, vgl. Fig. 2, zeigen aber keine Verwitterungsspuren (z. B. Bodenbildung). Ferner enthalten diese Alluvionen, die über den Seekreiden am Djebel Nero ausgebreitet sind, Artefakte (tailliertes Steinbeil etc.) junger Zeitstellung.

Daher spricht vieles dafür, die Alluvionen über der Seekreide am Djebel Nero in die Zeit nach 5000 B. P. einzuordnen. Das Alter der „jüngeren" Alluvialdecke im Raum der Serir Tibesti wäre damit genauer auf den Zeitraum zwischen ca. 5000 B. P. und ca. 2300 B. P. einzugrenzen.

---

[9] Oberhalb des Probenentnahmepunktes (30) liegt noch ca. 4 m limnisches Sediment, die Oberkante ist durch den Tamariskenhügel mit ca. 2000 B. P. (32 a) (Aufwachsalter abgezogen) bestimmt. Unter Nichtberücksichtigung von Omissionen und Kompaktion ergäbe sich eine Sedimentationsrate von 0,8 m/10$^3$ J. Nach FÜCHTBAUER und MÜLLER (1970, S. 199) ist in Süßwasserseen mit einer jährlichen Sedimentationsrate von 1 bis 5 mm zu rechnen. Der obige Wert liegt größenordnungsmäßig an der unteren Grenze der Schätzung.

Überträgt man diesen Wert auf das noch unterhalb der datierten Probe liegende limnische Sediment (Mächtigkeit ±8,0 m), käme man überschlagsweise auf ein Alter von ca. 11 000 Jahren für die Sedimentation der limnischen Ablagerungen und bei einer Kompaktionsrate von 6/10, die eigentlich für Sande angenommen wird (SEIBOLD, 1964), auf ca. 13 400 Jahre. Mit diesem Wert gelangt man schon in die Größenordnung, die für den Beginn der sog. Mittelterrassenakkumulation angenommen wird.

[10] Die Ableitung hocharider Klimaverhältnisse vergleichbar den rezenten ist aus diesem Befund noch nicht möglich. Wie MORTENSEN (1930) gezeigt hat, kann zunehmende Dünenbildung nicht verstärkte sondern sogar abnehmende Aridität anzeigen.

Aus den „älteren" Alluvionen liegen radiometrisch datierte Funde bis jetzt nicht vor. Am nördlichen Rand der „jüngeren" Alluvionen (siehe Fig. 2, Abb. 5) wurden die älteren verschiedentlich unter den jüngeren ergraben; damit ist die relative Abfolge belegt.

In Form von Wällen umsäumen die „älteren" Alluvionen den Rand des Nero-Seebeckens. Die direkte Verknüpfung mit der datierten Seekreide gelang jedoch nicht.

Da die „älteren" Alluvionen am weitesten nach Norden reichen und noch in einer mittleren Korngröße von 3 cm jenseits von 24° N vorhanden sind, wird für ihren Transport ebenfalls eine Feuchtphase angenommen.

Wie schon oben ausgeführt, ist die Mittelterrassenakkumulation unter feuchten Bedingungen entstanden. Sie endet aber schon (JÄKEL, 1971) oberhalb der Toudoufoumündung im Tibestigebirge (900 m ü. M.). Im Unterlauf des Yebigué am Berge Tarr liegt ein der Mittelterrassenakkumulation ähnelndes Sediment. Nach Höhe und Lage am Flußbett ist es aber auch als die feinkörnige Randfazies eines Flusses anzusprechen. Auch GRUNERT (1970) kommt im Oberlauf des Yebigué nur zu der Ausscheidung einer Hauptterrasse, die zeitgleich mit der Mittelterrasse im Bardagué ist (14-C-Datierung 8180 ± 70 B. P. [26]).

JANNSEN (1970) fand in der Caldera des Tarso Voon (1600 m ü. M.) neben der Niederterrasse nur eine Terrasse (Hauptterrasse), die auf eine limnische Akkumulation folgte.

Es erscheint hiernach durchaus möglich, daß die Oberterrasse und die Mittelterrasse in ein und dieselbe Klimaphase gehören und letztere nur eine Untergliederung darstellt.

Die Studien über die Terrassenabfolge in den Enneris des Tibesti durch Mitarbeiter der Forschungsstation Bardai, Freie Universität Berlin, haben zu keiner völligen Übereinstimmung geführt.

Unstreitig ist die Existenz mindestens einer hochgelegen fluvialen Akkumulation der Hochterrasse. Ferner wird eine weitere Terrasse nachgewiesen, die entweder die Oberterrasse oder die Hauptterrasse genannt wird. Neben letzterer existiert nach Untersuchung auf der Südabdachung und im Oberlauf des Enneri Yebigué (Nordabdachung) eine fluviale Akkumulations-Erosionsform, die Niederterrasse.

Im Enneri Bardagué dagegen weisen die Bearbeiter eine zwischen Ober- und Niederterrasse gelegenen Mittelterrasse aus, deren Material durch Stillwasser- und Seeabsätze besonders ausgewiesen ist.

Die älteren Alluvionen auf der Serir wären demnach das Äquivalent der noch bis zum Gebirgsrand als Form erhaltenen Oberterrasse, oder nach obiger Ausführung „Hauptterrasse" (HAGEDORN und JÄKEL, 1969). Die Seebildung am Djebel Nero würde nur die Spätphase einer Feuchtzeit darstellen, in deren Optimum die „älteren" Alluvionen bis in die Serir Calanscio transportiert wurden.

Die Funde von Großsäugern der Savanne nördlich der rezenten Endpfanne des Bardagué (Elefant 6435 ± 225 [48], Giraffe u. a. 7455 ± 180 [11] [47] B. P.; GABRIEL, 1971 b), von Boviden [12] nördlich der Yebigué-Endpfanne fügen sich in das Bild einer räumlich und zeitlich ausgedehnten Feuchtphase ein. Gegenüber der Annahme, daß zur Zeit der Mittelterrasse (Terminus nach JÄKEL, 1971, und MOLLE, 1969) die Verbindung zur Serir Calanscio bestand, hat die Vorstellung der Zusammenfassung von Mittel- und Oberterrassenzeit den Vorteil, den Widerspruch zwischen den relativ groben Serirsedimenten zu den im wesentlichen aus Feinmaterial bestehenden und schon im Bardagué-Mittellauf endenden Mittelterrassensedimenten, aufzuheben.

Die Zuordnung der „älteren" Alluvionen auf der Serir Tibesti allein zu der Haupt- (Mittel- und Ober-)terrasse kann nicht überzeugen, wenn man die über dem Niveau der Hauptterrasse liegenden Akkumulationen (Hoch- und prä-Hochterrasse, JÄKEL, 1971) berücksichtigt. Der Ausraum dieser Terrassenkörper ist natürlich zum Teil talabwärts in den jüngeren Terrassen aufgegangen, muß aber zum anderen auch in das Vorland transportiert worden sein. Ob die außerhalb des Wadi Behar Belama liegende Serirdecke Bestandteile dieser Terrassen enthält, bleibt bis eine Datierungsmöglichkeit gefunden wird hypothetisch.

In den Bohrungen auf der Serir Tibesti konnte eine Zweigliederung der „älteren" Alluvionen nicht sicher festgestellt werden. Somit können wir für die Akkumulation auf der Serir Calanscio außerhalb des Wadi Behar Belama, nur sagen, daß es mindestens eine, gleichfalls mafisches Material führende Alluvialdecke gibt, die in den Zeitraum vor Bildung der „älteren" und nach Sedimentation der rotverwitterten, nur quarzkieselführenden „ältesten" Alluvialdecke einzuordnen ist.

In die „älteren" Alluvionen sind das Wadi Maruf und ein Seitenfluß des Enneri Eghei, hart südlich des Djebel Nuss (Fig. 2) eingesenkt. Da die Tamariskenhügel auf dem Boden des fossilen Wadi Maruf mit rund 2300 B. P. (51) datiert wurden, ist damit der Abschluß der Erosion bestimmt. Die Anlage des Wadi wäre demnach in die Zeit zwischen der Sedimentation der „älteren" Alluvialdecke und 2300 B. P. zu stellen. Interpretiert man die an der Dor el Beada mit rund 5100 B. P. (52) datierten Seekalke als Zeugnis feuchterer Bedingungen, so könnte in diesem Zeitraum auch die Ausformung der Wadis liegen. Es sei ausdrücklich darauf hingewiesen, daß diese Ableitung noch hypothetisch ist, bis eine Datierung der Wadisedimente gefunden wird. Die an der Oberfläche und in den oberen Zentimetern des Enneri Eghei (südlich des Djebel Nuss) gefundenen, vermutlich spätneolithischen Artefakte sind in ihrer zeitlichen Stellung unsicher. Bessere Ergebnisse sind von den Datierungen der in den Sedimenten gefundenen Süßwasserschnecken zu erwarten.

---

[11] An der gleichen Fundstelle außerdem: Elefant, Büffel, Rind, Hippotragus (?), Schaf, Gazelle, Strauß (Best. Y. COPPENS, V. EISENMANN, Paris).

[12] Bestimmung: K. POHLE, Berlin und REICHSTEIN, Kiel.

Auch die Einschneidung in die Alluvionen im Wadi Behar Belama (vgl. die Bohrungen in Fig. 8) könnten in diese Zeit um 5000 B. P. gestellt werden. Wie aus der Datierung (69) des Elefantenskeletts aus den Alluvionen des Wadi Behar Belama hervorgeht, fand eine letzte fluviale Akkumulation um 3420 B. P. statt.

Die Fig. 14, S. 39, faßt das bisher ausgeführte zusammen. Auf der Abszisse sind die geomorphologischen, paläozoologischen vegetationskundlichen und frühgeschichtlichen Hinweise in ihrer Position ü. M. und geographischen Breite aufgetragen. Auf der Ordinate ist die Zeit (14-C-Jahre B. P.) angeschrieben.

Die durch 14-C-Datierung auf der Zeitachse bestimmten Befunde sind mit einer Zahl (vgl. Tab. 8) bezeichnet. Auf folgendes ist beim Lesen der Fig. 14 weiter hinzuweisen. In der Natur der verwandten Methode liegt, daß in Phasen starker morphologischer Veränderungen (Erosion) Fundlücken aus datierbarem Material gegenüber ausgeglichenen Perioden (Akkumulationen) zu erwarten sind.

Bei einer statistisch größeren Zahl von Daten würden diese Zeiträume sicherlich erkennbar. Der Umfang des vorliegenden Datenmaterials für die Nordabdachung des Tibestigebirges ist für eine derartige Betrachtung wohl noch nicht ausreichend, deshalb werden bei der Interpretation Plausibilitätsannahmen verwandt, die hier noch einmal zusammenfassend wiederholt werden.

Die Ausbreitung der Grobsedimente in den Raum der Serir Tibesti erfordert stark fließende Flüsse im Gebirge und dortselbst Erosion. Die Aufrechterhaltung eines gegenüber heute feuchteren Environments auf der Serir Tibesti und der nördlich anschließenden Bereiche ist nicht notwendig an eine starke Erosionsleistung im Gebirge gebunden. Dies folgt aus dem Aufbau des Mittelterrassenkörpers aus Feinmaterial (JÄKEL, 1971) über einen größeren Zeitraum hinweg, in welchem auch im Zentrum der Serir Tibesti Seen existieren konnten. Aus diesen Überlegungen folgt unter Zugrundelegung der 14-C-Daten aus dem nördlichen Tibesti und der Serir Tibesti für die Ausbreitung der Kies- und Grobkiesakkumulationen ein relativ kurzer Zeitraum, in welchem ein starker Abfluß bei hoher Schuttbelastung angenommen werden müßte. Aride Bedingungen vergleichbar der Gegenwart kommen für diese Vorgänge nicht in Frage, wie die rezente Akkumulation von Schluff bereits am Gebirgsrand zeigt. Es folgt daraus die Arbeitshypothese, daß die Ausbreitung der Sand-, Kies- und Schotterdecken im Raume der Serir Tibesti und ihr Transport bis in die Mediterraneis an den Anfang einer relativ feuchten Phase einzuordnen ist, deren tentative Einengung in der Fig. 14 versucht wird.

Die Einordnung in das grobmaschige Netz der 14-C-Daten ist mit größerer Berechtigung möglich als auf Grund der sedimentologisch-morphologischen Ergebnisse aus dem Raume der Serir Tibesti. Die limnischen Akkumulationen im Nero-See zeigen zwar keine Grobmateriallagen, daher ist in dieser Phase nicht mit Erosions-Akkumulationsvorstößen aus dem Gebirge in den See zu rechnen; andererseits lassen die Ergebnisse zahlreicher Bohrungen im Raume der Serir Tibesti Fein- und Grobmaterialschichtungen erkennen, die nicht aus einer lokalen Umlagerung ohne ständige Materialzufuhr aus den Gebirgen erklärbar sind. Aus diesem Grund ist ein Fluktuieren der Vorstoßphasen — über deren Ausmaß noch nichts ausgesagt werden kann — im Diagramm angedeutet.

Tabelle 8  *Verzeichnis der 14-C-Daten*

Abkürzungen:
E. = Enneri = Wadi
lim. = limnisch
MT = Mittelterrasse im Enneri Bardagué
Sc = Süßwasserschnecken

14-C-Laboratorien:
B = Uni Bern
H = Uni Heidelberg
Hv = Hannover
T = Trondheim
Gif = Gif-sur-Yvette

| Probenbezeichnung des 14-C-Laboratoriums | radiometrisches Alter | Material und Fundumstände | Ort, Geographische Länge, Breite | Probenentnahme durch | Nr. in Fig. 14 |
|---|---|---|---|---|---|
| Hv 2260 | 2 690±435 | Knochen Elefant | E. Dirennao/Tibesti N: 21° 30', E: 17° 11' | Gabriel | 23 |
| Hv 2955 | 5 730±105 | Kalk auf Dünen | E. Yebigué N: 21° 59', E: 17° 46' | Pachur | 24 |
| Hv 2921 | 7 380±110 | Kalk MT | E. Bardagué, Ounafou N: 21° 12', E: 17° 25' | Molle | 25 |
| H 2939-2357 | 8 180±70 | Sc aus Stillwasser | E. Yebigué N: 20° 57', E: 18° 05' | Grunert | 26 |
| H 2938-2432 | 8 295±190 | Kalk datiert, limn. Sediment mit organischen Einschlüssen | Krater Begour N: 21° 19', E: 16° 04' | Hagedorn | 27 |
| Hv 2196 | 8 330±180 | Kalk datiert Seekreide | Bardagué, Ofouni N: 21° 18', E: 17° 11' | Molle | 28 |
| Hv 2981 | 7 340±? | Kalk Endpfanne Bardagué | Endpfanne Bardagué N: 22° 29', E: 16° 35' | Sommer | 29 |
| Hv 2875 | 7 570±115 | Sc aus Diatomit | Endpf. Djebel Nero N: 23° 31', E: 17° 28' | Pachur | 30 |
| Hv 2876 | 1 765±75 | Holz, Acacia (?) Serir Tibesti | Serir Tibesti N: 24° 18', E: 17° 35' | Pachur | 31 |

Fortsetzung Seite 38

Fortsetzung Tabelle 8 von Seite 37

*Verzeichnis der 14-C-Daten*

| Probenbezeichnung des 14-C-Laboratoriums | radiometrisches Alter | Material und Fundumstände | Ort, Geographische Länge, Breite | Probenentnahme durch | Nr in Abb. |
|---|---|---|---|---|---|
| Hv 2874 | 1 435±50 | Holz Tamarix (?), Serir Tibesti Djebel Nero | Djebel Nero N: 23° 30', E: 17° 28' | Pachur | 32 |
|  | 2000 | Aufwuchsalter geschätzt |  | Pachur | 32 a |
| Hv 2749 | 1 840±60 | Holz, Endpfanne Bardagué Tamarix (?) | Endpfanne Bardagué N: 22° 31', E: 16° 35' | Jäkel | 33 |
| Hv 1316 | 1 575±95 | Blattstreu Tamarix (?), Bardagué Endpfanne | Endpfanne Bardagué N: 22° 30', E: 16° 35' | Jäkel | 34 |
| Gif 378 | 12 400±400 | Kalk in Diatomit | Trou Natron N: 20° 58', E: 15° 31' | Faure | 35 |
| Hv 2753 | 14 055±135 | limn. Kalke, Basis MT | Osouni Bardagué N: 21° 19', E: 17° 11' | Molle | 36 |
| Gif 379 | 14 790±400 | Kalk in Diatomit | Trou Natron N: 20° 58', E: 15° 31' | Faure | 37 |
| Gif 380 | 14 970±400 | Kalk in Diatomit | Trou Natron | Faure | 38 |
| B | 8 530±100 | limn. Sed. m. Schnecken 2500 m NN | Mouskorbé/Tibesti N: 21° 22', E: 18° 32' | Messerli | 40 |
| Gif 1230 | 2 500±110 | Sc unter Diatomit | Largeau N: 18° 07', E: 17° 56' |  | 41 |
| Hv 2772 | 8 055±90 | Mudde, 2100 m NN | Tarso Yega/Tibesti N: 20° 37', E: 17° 22' | Gavrilovic | 42 |
| Hv 3354 | 10 059±140 | Sc in Diatomit | E. Tabiriou/Tibesti N: 21° 20', E: 17° 03' | Molle | 43 |
| Hv 3355 | 13 760±185 | Sc in Diatomit | Oré/Tibesti N: 17° 20', E: 21° 16' | Molle | 44 |
| Hv 2773 | 6 435±225 | Knochen, Elefant Apatit | Ostseite Endpf. Bardagué/ Tibesti N: 16° 40', E: 22° 40' | Gabriel | 45 |
| Hv 2775 | 7 455±180 | Knochen, Giraffe (?) Apatit | Nordseite Endpf. Bardagué/ Tibesti | Gabriel | 46 |
| Hv 2775 | 7 455±180 | Knochen, Apatit | Bardagué/Tibesti N: 22° 52', E: 16° 40' | Gabriel | 47 |
| Hv 2773 | 6 435±225 | Elefantenknochen Kollagendatierung | N: 22° 40', E: 16° 40' | Gabriel | 48 |
| Hv 3766 | 5 125±185 | Säugerknochen Kollagen | N: 22° 40', E: 18° 30' Fossiles E. Oyouroum Westseite Djebel Eghei | Pachur | 49 |
| Hv 3765 | 2 350±410 | Apatit s. 49 datiert | s. 49 | Pachur | 49 a |
| Hv 3763 | 3 755±535 | s. 49 |  | Pachur | 49 b |
| Hv 3761 | 1 625±145 | Blattstreu vom Top einer Tamariskenkupste ca. 8 m hoch | N: 25° 00', E: 18° 20' | Pachur | 50 |
| Hv 3762 | 2 300±145 | Blattstreu von der Basis der Kupste (50) | s. 50 | Pachur | 51 |
| Hv 3763 | 5110±295 | Süßwasserschneckenschalen | N: 25° 40', E: 19° 10' | Pachur | 52 |
| Hv 3769 | 5 295±145 | Seekreide | s. 52 | Pachur | 53 |
| Hv 4200 | 11 540±170 | Kalkkruste | N: 21° 20', E: 17° 03' | Jäkel | 54 |
| Hv 4206 | 8 115±475 | Holzkohle | s. 54 | Jäkel | 55 |
| Hv 3712 | 12 200±145 | Kalkkruste | N: 21° 20', E: 17° 03' | Jäkel | 56 |
| Hv 3714 | 7 825±85 | Kalkkruste | s. 56 | Jäkel | 57 |
| Hv 4113 | 5 510±370 | Holzkohle aus Steinplatz | N: 27° 22', E: 21° 15' | Gabriel | 58 |
| Hv 2748 | 8 065±100 | Holzkohle unt. Seeabsätzen | N: 21° 30', E: 17° 08' | Gabriel | 60 |
| Hv 4802 | 7 300±130 | Holzkohle aus Steinplatz | N: 25° 10', E: 17° 35' | Gabriel | 61 |
| Hv 4801 | 6 100±110 | Holzkohle aus Steinplatz | N: 25° 10', E: 17° 35' | Gabriel | 62 |
| Hv 4113 | 5 510±370 | Holzkohle aus Steinplatz | N: 26° 15', E: 19° 20' | Gabriel | 63 |
| Hv 4115 | 6 625±750 | Holzkohle aus Steinplatz im Wadi Behar Belama | N: 27° 28', E: 21° 15' | Gabriel | 64 |
| Hv 4116 | 5 680±95 | Holzkohle aus Steinplatz im Wadi Behar Belama | N: 27° 28', E: 21° 15' | Gabriel | 65 |
| Hv 4117 | 5 410±250 | Holzkohle aus Steinplatz im Wadi Behar Belama | N: 27° 28', E: 21° 15' | Gabriel | 66 |
| Hv 2935-2430 | 11 925±300 | Torf | N: 21° 19', E: 17° 03' | Jäkel | 67 |
| Hv 2937-2431 | 9 340±85 | Holzkohle | N: 21° 38', E: 16° 54' | Jäkel | 68 |
| Hv 5725 | 3 420±230 | Elefant, in Alluvionen Wadi Behar Belama, Apatit datiert | N: 27° 28', E: 21° 15' | Gabriel/Pachur | 69 |

Fig. 14

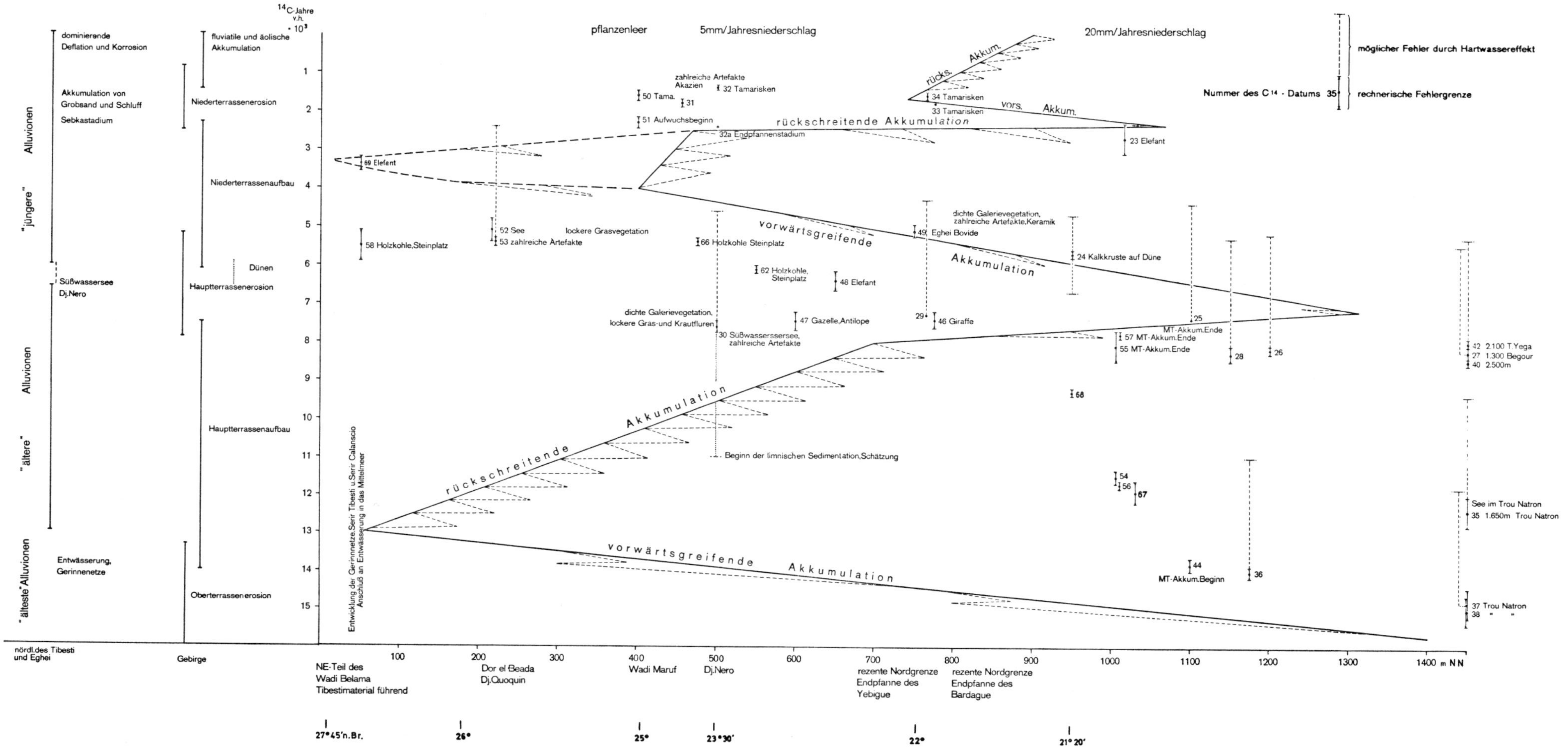

"jüngere" Alluvionen
"ältere" Alluvionen
"älteste" Alluvionen
dominierende Deflation und Korrosion
Akkumulation von Grobsand und Schluff
Sebkastadium
Süßwassersee Dj.Nero
Entwässerung, Gerinnenetze
fluviatile und äolische Akkumulation
Niederterrassenerosion
Niederterrassenaufbau
Dünen
Hauptterrassenerosion
Hauptterrassenaufbau
Oberterrassenerosion
$^{14}$C-Jahre v.h. · $10^3$
pflanzenleer
5mm/Jahresniederschlag
20mm/Jahresniederschlag
möglicher Fehler durch Hartwassereffekt
Nummer des C 14 - Datums 35
rechnerische Fehlergrenze
rücks. Akkum.
vors. Akkum.
rückschreitende Akkumulation
vorwärtsgreifende Akkumulation
rückschreitende Akkumulation
vorwärtsgreifende Akkumulation
zahlreiche Artefakte Akazien
32 Tamarisken
50 Tama.
31
51 Aufwuchsbeginn
32a Endpfannenstadium
34 Tamarisken
33 Tamarisken
23 Elefant
69 Elefant
52 See
53 zahlreiche Artefakte
lockere Grasvegetation
58 Holzkohle,Steinplatz
66 Holzkohle Steinplatz
62 Holzkohle, Steinplatz
48 Elefant
49 Eghei Bovide
dichte Galerievegetation, zahlreiche Artefakte,Keramik
24 Kalkkruste auf Düne
dichte Galerievegetation, lockere Gras-und Krautfluren
30 Süßwasserssee, zahlreiche Artefakte
47 Gazelle,Antilope
29
46 Giraffe
25
MT-Akkum.Ende
57 MT-Akkum.Ende
55 MT-Akkum.Ende
28
26
42 2.100 T.Yega
27 1.300 Begour
40 2.500m
68
Beginn der limnischen Sedimentation,Schätzung
54
56
67
See im Trou Natron
35 1.650m Trou Natron
44
36
MT-Akkum.Beginn
37 Trou Natron
38 " "
Entwicklung der Gerinnnetze,Serir Tibesti u.Serir Calanscio
Anschluß an Entwässerung in das Mittelmeer
nördl.des Tibesti und Eghei
Gebirge
NE-Teil des Wadi Belama Tibestimaterial führend
Dor el Beada Dj.Quoquin
Wadi Maruf
Dj.Nero
rezente Nordgrenze Endpfanne des Yebigue
rezente Nordgrenze Endpfanne des Bardague
100 200 300 400 500 600 700 800 900 1000 1100 1200 1300 1400 m NN
27°45'n.Br.
26°
25°
23°30'
22°
21°20'

*6.1 Bemerkungen zum prä-alluvialen Relief*

Im Norden umrahmt eine bis zu 80 km breite Randfläche das Tibestigebirge, welche Schiefer, Granite und Sandstein kappt. An die Oberfläche tritt außerhalb der Alluvialdecken, nur von einer autochthonen Gesteinsstreu in Kiesgröße überzogen, das anstehende Gestein. Soweit unter den Alluvionen anstehender Granit erschürft wurde, liegt ein Vergrusungshorizont mit hellbraunem Feinmaterial vor, dessen röntgenographische Bestimmung die Tonmineralien Illit und Montmorillonit neben Kaolinit ergab. Ein Hinweis auf eine allitische Verwitterung des Gesteins konnte nicht erbracht werden.

Nach dem gegenwärtigen Kenntnisstand ist die Frage nicht zu beantworten, ob die Tibestirandfläche unter tropisch-wechselfeuchten Bedingungen, wie auf der Südabdachung durch ausgedehnte lateritische Verwitterungsdecken (zuletzt ERGENZINGER, 1968 a, 1969) belegt, entstanden ist. Die im Tibestigebirge vereinzelt aufgeschlossenen, meist unter Basalt erhaltenen, einem Rotlehm ähnelnden Verwitterungsdecken sind hinsichtlich des Chemismus noch nicht untersucht. Im Bereich der tertiären Sedimente, zu denen die Tibestirandfläche nach Norden vermittelt, sind sichere Zeugnisse tropisch-subtropischer Verwitterungsreste — bis auf den im Kontakt zu eozänen Kalken im Graret Tebu von MECKELEIN (1959) beschriebenen Rotlehm — nicht nachgewiesen. Für ihn nimmt BAKKER (1966) eine tiefgründige Verwitterungsperiode während des Vorrückens der Monsunfront an. Die „Übergangszone" in den Serirböden (nach FÜRST, 1965, 1966) ist im Kontakt zum Anstehenden meist rötlichbraun verfärbt. Diese Verfärbung muß wohl aber auch im Zusammenhang mit der erhöhten Feuchtigkeitszufuhr während der Akkumulation der Alluvionen gesehen werden. Der von FÜRST (1965) am Beispiel der Serir el Gattusa vermerkte Kaolinitgehalt ist nicht beweiskräftig für eine allitische Verwitterung, da FÜRST (1965, S. 409) selbst ausführt, daß bereits das anstehende Sedimentgestein Kaolinit führt.

Die Tibestirandfläche geht nach Norden in die tertiären Sedimentgesteine des Paleozän und Eozän (DESIO, 1942, FÜRST, 1968) über. In Fig. 2 sind die Bereiche, in denen das Anstehende sichtbar oder erschürfbar war, herausgehoben. Zusammen mit den Sondierungsbohrungen und Grabungen zeigt sich die Existenz eines prä-alluvialen Reliefs (vgl. auch FÜRST, 1966), dessen Hauptzüge durch die in flache Stufen aufgelöste tertiäre Sedimenttafel geprägt wird, deren Schichten nach Nordosten einfallen. Morphologische Zeugen sind die isolierten Auslieger, die den fossilen Bardagué und den Yebigué begleiten, sowie der Djebel Nero mit seinen Ausliegern im Zentrum der Serir Tibesti, der vom fossilen Bardagué im Westen und vom Yebigué im Osten umgangen wird. Im Bereich des Bardagué ist durch Bohrungen und Gesteinsausbisse ersichtlich, daß mehrere flache Schichtstufen durch die fluvialen und limnischen Sedimente verschüttet wurden. Die ursprüngliche Reliefierung ist durch die fluviale Akkumulation verhüllt worden. Eine Größenordnung ist ableitbar aus einer Bohrung bei 24° 18' N, 17° 35' E wo in nur 30 m Abstand vom an der Oberfläche ausbeißendem Anstehenden 12 m fluviale Sedimente festgestellt wurden. In der Breite von 24° 20' N beherrschen zahlreiche Auslieger und Schichtstufen, die an Syn- und Antiklinalen (R. LOSS, unveröffentlichte Kartierung) gebunden sind, das Relief.

Die über 100 km lange Stufenstirn der Dor el Beada stellt die Nordgrenze dieses Gebietes dar. In einzelnen Stufen sinkt die Sedimenttafel nach Norden und Nordosten ab.

Aus dem Abfallen der Landoberfläche im Raum der Serir Tibesti nach Nordosten schließt FÜRST (1966) auf eine Rumpffläche, die ihr Bezugsniveau im Erg von Rebiana habe; der Rumpfflächencharakter wird durch „Kappung von morphologischen Erhebungen, d. h. geologischen Antiklinalen und Flanken von Synklinalen" belegt.

Nur in den Tiefenlinien dieses Gebietes findet man die fluvialen Sedimente, d. h. vor Bildung der Alluvialdecken war ein Relief bereits vorhanden. Aus der Verbreitung der Alluvionen folgt weiter, daß der Erg von Rebiana in keinem Zusammenhang mit den die Serir (im Sinne von FÜRST, 1965) bildenden Akkumulationen steht, denn sie wurden sowohl an dessen Südwestwie am Nordrand nachgewiesen, hatten also das heutige Erg von Rebiana durchstoßen.

Falls eine Rumpffläche die tertiären Sedimente überzog, müßte sie eher auf eine nördlich gelegene Erosionsbasis eingestellt gewesen sein, vielleicht auf den seit dem Miozän von etwa 26° N langsam nach Norden gewanderten und zu Beginn des Pliozäns (KLITZSCH, 1970) etwa die heutige Küstenlinie erreichenden Meeresspiegel. Für die distalen Teile der Rumpffläche muß daher sogar mit einer marinen Formung (PFALZ, 1934, 1938, 1940) gerechnet werden.

Die großen Sedimentmächtigkeiten an Sanden und Kiesen im nördlichen Syrtebecken, die in das Quartär gestellt werden (KLITZSCH, 1970), belegen eine schon lang andauernde Zufuhr terrestrischen Materials. Wahrscheinlich waren schon seit dem frühen Quartär in klimatischen Feuchtphasen auch die Gebirge im Süden an der Materiallieferung beteiligt (vgl. die „ältesten" Alluvionen).

Wie die unterschiedliche Mächtigkeit der fluvialen Sedimente auf der Serir Tibesti, das Relief im Djebel Maruf sowie die verschütteten Täler auf der Serir Calanscio belegen, lag vor oder während der Ausbreitung der Alluvionen eine Erosionsphase, die die Rumpffläche erfaßte. Rumpfflächenbildung und die Ausbreitung der Alluvialdecken haben nur den gleichen Raum gemeinsam, sie stehen nur insoweit in einem genetischen Zusammenhang, als die Rumpffläche die Unterlage für die Alluvionen bilden kann (im Gegensatz hierzu wohl FÜRST, 1965, S. 413; 1966, S, 415, wo von einer genetischen Einheit von Hamada, Serir und Erg gesprochen wird).

# 7. Versuch einer Abschätzung der Niederschlagshöhen für das Ye-Ba-Eg-Flußsystem

Der Ansatz geht von der Beobachtung aus, daß rezente Flüsse im ariden Klimabereich mit einer dem Ye-Ba-Eg [13] vergleichbaren Lauflänge ihr Haupteinzugsgebiet im Gebirge haben und daß die Niederschlagshöhe zum Vorland zwar abnimmt, daß aber auch diese Tiefenzonen nicht so extrem arid sind, wie etwa die Serir Tibesti in der Gegenwart.

Zum Vergleich wurden drei rezente Flüsse ausgewählt, der Finke River in Zentralaustralien ohne starken Höheneinfluß, der Mareb in Äthiopien, eine vergleichbare Lauflänge nur durch eine Verbindung (lediglich noch bei extrem hohen Niederschlägen existent) mit dem Atbara erreichend, aber mit stark beregneter Höhenzone, und das Wadi Saoura in Algerien (Fig. 15, siehe Kartenanhang).

Eine vergleichbare räumliche Größenordnung wie das nördliche Tibestigebirge und sein Vorland bildet die Südabdachung des Sahara-Atlas im Bereich des Saoura-Beckens. Gegenwärtig feuchter, könnte es als Modell für die feuchtzeitlichen Bedingungen auf der Nordabdachung des Tibestigebirges dienen, weil dort, in größeren zeitlichen Abständen, z. B. 1916, 1950 (DUBIEF, 1952, 1953) und 1959, der Fluß über eine Entfernung von über 800 km als allochthones Element in die aride Region vorstößt. Im Einzugsgebiet des Hochwassers von 1959 fielen dabei innerhalb von drei Tagen insgesamt 400 mm Niederschlag (VANNEY, 1967). Der mittlere jährliche Niederschlag (1931-1945) im Einzugsgebiet überschreitet nicht 200 mm.

Die Ausbildung von Daias (vgl. Blatt NH-30 — Béchar der IWK) liegt im Saouratal (Fig. 15) etwa in Höhe über M. des fossilen Nero-Sees. Sie würden der Schlußphase der Akkumulation von Schweb und Trüb im Neroseebecken (Endpfannenphase) entsprechen. Das Sebkha-Stadium ist im Bereich des fossilen Ye-Ba-Eg nicht verwirklicht, es sei denn, man interpretiert die relativ geringmächtigen Salzverbackungshorizonte in der Dachlage der Sedimente am Djbel Nero und die mächtigeren Salzkrusten am Boden des Wadi Maruf in diesem Sinne.

Die Existenz eines Süßwassersees, belegt durch Süßwasserdiatomeenflora und Süßwassergastropoden, Funde von Großsäugern der Savanne nördlich der rezenten Endpfanne des Bardagué und im Wadi Behar Belama sind mit dem Environment, welches heute das Saouratal darbietet — auch bei Berücksichtigung anthropogener Einflüsse — nicht mehr zu erklären.

Folgende Überlegung sei daher eingeschoben:
Für das Tibestigebirge wurden für die Höhenstufe um 1000 m aufgrund von Pollenanalysen von E. SCHULZ (1973) ein Mindestniederschlag von 400 mm/Jahr in einer klimatischen Feuchtphase geschätzt.

Geht man von der Annahme aus, daß die rezente Abnahme der Niederschläge mit der Höhe in den Gebirgen der Sahara von 1000 m auf 500 m mit dem Faktor 0,25 erfolgt (nach DUBIEF, 1963: Ahaggar ca. 1000 m ü. M. = 38 mm; 500 m ü. M. = 10 mm, Tibesti 20 mm [14] und 5 mm) und auf die Feuchtphase übertragbar ist, so würden sich unter Annahme der Schätzung von 400 mm in ca. 1000 m ü. M. für 500 m ü. M. 100 mm Niederschlag ergeben.

Die libysche Küstenregion, ein Wüstensteppengebiet, erhält 100 mm Niederschlag. Auf der Südabdachung des Atlas entspricht das Gebiet um Colomb Béchar dieser Niederschlagszone, die nach CAPOT-REY (1953) den Übergang zur Wüstensteppe darstellt.

Beachtet man aber, daß es in dieser Region keine Süßwasserseen, sondern lediglich Sebkhas und Schotts gibt, so wird man annehmen können, daß die Niederschläge zur Zeit der Existenz des „Nero-Sees" höher als 100 mm lagen.

Geht man jedoch von der Annahme westsaharischer, d. h. mediterran beeinflußter Klimaverhältnisse aus, so gestattet die Aufstellung aus J. DUBIEF (1963, Fig. 49) die Ableitung eines Faktors von 2. Unter Zugrundelegung der Schätzung von E. SCHULZ ergibt sich dann für die 500-m-Fläche sogar ein Niederschlag von 200 mm. Dieser Wert ist vergleichbar dem Einzugsgebiet des Finke River sowie der Niederschläge bei Aroma am Unterlauf des Mareb. Beide Gebiete werden von einer Wüstensteppe bzw. Wüstensavanne eingenommen.

Beachtet man die schon oben erwähnten Großsäugerfunde nördlich der rezenten Endpfanne des Bardagué und Yebigué, so muß mindestens mit einer ausgedehnten Galerievegetation nur etwa 100 km südlich vom Nero-See entfernt gerechnet werden. Nach BOURLIERE (1963) benötigt der afrikanische Elefant eine tägliche Grünfuttermenge von 130 bis 160 kg. Die Giraffe ist selten in baumlosen Gegenden anzutreffen, das bevorzugte Biotop ist eine Baumsavanne.

Weder der Elefant noch die Giraffe treten im allgemeinen in Gebieten mit weniger als mehreren hundert Millimeter Niederschlag auf, wobei mikroökologische Bedingungen sehr wichtig sind (nach BUTZER, 1964, S. 450).

Der Wert von 200 mm Niederschlag dürfte daher die untere Grenze zur Zeit des Süßwasserstadiums des Nero-Sees darstellen. Der Transport der „älteren" Alluvionen könnte in diese Zeit fallen, in welcher vom Tibestigebirge bis mindestens an den Südrand des Erg von Calanscio ein Band wahrscheinlich periodisch fließender Flüsse existierte.

---

[13] Zusammenfassung der in der nördlichen Serir Tibesti verschmolzenen Gerinnenetze aus Bardagué, Yebbigué (mit Anteil aus dem südlichen Eghei, nämlich Enneri Tideti, Enneri Oyouroum) und Enneri Eghei (vgl. Fig. 15).

---

[14] Nach Aufzeichnungen der Forschungsstation Bardai (HECKENDORF, 1969) in Bardai 12 mm.

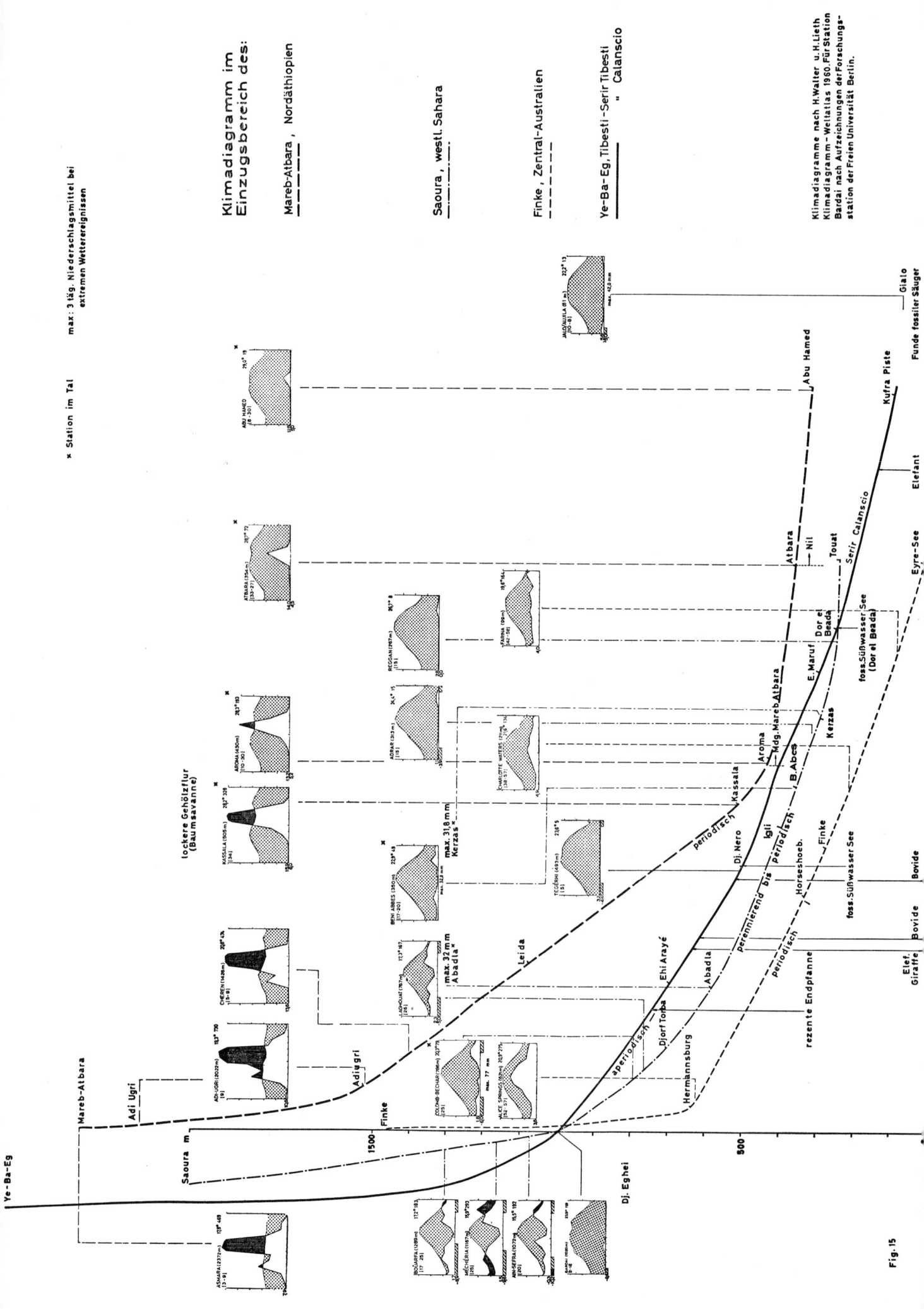

Fig.15

Ein gebahntes Trockenflußsystem (periodisch bis aperiodisch) ist auch aus allgemeinen Überlegungen wahrscheinlich, wenn man den geringen Abflußfaktor [15] in ariden Gebieten (HOYT und LANGBEIN, 1939, BREMER, 1967) und die aus verschiedenen Befunden abgeleiteten Schätzungen der feuchtzeitlichen Niederschlagshöhe [16] im Tibestigebirge berücksichtigt.

Ausgehend von den heutigen Oberflächenverhältnissen auf der Serir Tibesti würde ein Wasserlauf mangels Kanalisierung sofort ausufern müssen (vgl. die heutigen Endpfannen). Ein Durchstoßen der Serir Tibesti unter Aufrechterhaltung des extrem ariden Zustandes würde Niederschläge im Tibestigebirge verlangen, die allen begründeten Niederschlagsschätzungen für das Gebirge sowie außerdem den im Gebiet um 500 m ü. M. bis 200 m ü. M. gefundenen Belegen (Savannenfauna, Pollenspektrum, Artefakte, Boden- und Seebildungen) widersprechen.

---

[15] Bei einem dreitägigen Regen im Mittellauf des Yebigué fielen 1937 370 mm, ohne daß in der Endpfanne des Yebigué Kies oder Schotter akkumuliert worden wären.

[16] Schätzungen der feuchtzeitlichen Niederschläge im Tibesti, ohne Berücksichtigung ihrer zeitlichen Korrelation; aber wahrscheinlich nicht älter als 15 000 B. P.:

Befund
Lateritische Verwitterung im Becken Zouar 400-500 mm ca. 750 m ü. M. SW-Seite
Seeablagerungen im Bardaguésystem 250-350 mm ca 1000 m ü. M. N-Seite
Kalkkrustenbildung im Bardagué ca. 250 mm ca. 1000 m ü. M. N-Seite
See im Trou au Natron humide Klimaregion ca. 1000 mm 2500 m ü. M. N-Seite
nach HÖVERMANN, 1967, s. a. FAURE, 1966, und ERGENZINGER, 1968.
Paläökologische Befunde (GABRIEL, 1971 b) 500 mm ca. 1000-1500 m ü. M. N-Seite
Pollenanalysen mindestens 400 mm ca. 1000 m ü. M. N-Seite nach E. SCHULZ (1973).
Abgesehen davon gibt es noch zahlreiche andere Befunde, die eine ähnliche Größenordnung abzuleiten gestatten, z. B. Moorbildungen in 2600 m ü. M. (GAVRILOVIC, Publ. in Vorbereitg.), See in der Caldera d. Tarso Voon (JANNSEN, 1970), Kalksinterbildungen im oberen Yebigué (GRUNERT, 1972), über drei Meter mächtige fossile Hangschuttdecken (PACHUR, 1970), Pedimentbildung (BUSCHE, Publ. in Vorbereitg.) sowie Funde von Großsäugern (GABRIEL, 1971 b).

## 8. Die rezente Formung im Untersuchungsgebiet

Meteorologische Daten aus dem Raum der Serir Tibesti fehlen, da keine Stationen existieren. Westlich der Serir Tibesti sind in Tedjeri über einige Jahre Daten gesammelt worden (Klimadiagramm in Fig. 15). Im Nordwesten, aus dem Mudjirjat von Sebha und Murzuk, liegen längere Meßreihen vor, die bereits von MECKELEIN (1959) aufgearbeitet wurden. Es darf darauf verwiesen werden. Hier interessieren besonders die Windverhältnisse. Infolge der großen Trockenheit (potentielle Verdunstung nach DUBIEF, 1963, ca. 6 m/Jahr) und der fehlenden Pflanzendecke bewirken schon Windgeschwindigkeiten um 5 m/sec einen Feinsandtrieb (s. BAGNOLD, 1941, HJULSTRÖM, 1932, SUNDBORG, 1955). Wichtig für die morphologische Wirkung des Windes ist seine Richtungskonstanz und die Geschwindigkeit über die Zeit, d. h. eine Windgeschwindigkeit von 20 m/sec hat den gleichen Effekt in Hinsicht auf den Sandtransport wie ein Wind mit 10 m/sec, der 20 mal so lange wirkt (SUNDBORG, 1955).

Wegen des Mangels an Meßdaten aus dieser Region sind in Tab. 9, S. 48, einige Beobachtungen mitgeteilt worden.

Messungen über 33 Tage vom Februar bis März 1969 ergaben, daß die maximalen Windgeschwindigkeiten aus dem nordöstlichen und südwestlichen Quadranten kamen, wobei die Windhäufigkeiten von NE : SW sich wie 3 : 4 und die Windrichtungen für eine Geschwindigkeit über 5 m/sec sich verhielten wie NE 7 : SW 9 : NW 3.

Die Längsdünen des Ramlet el Wigh am Nordwestrand der Serir Tibesti sowie die Barchane und Längsdünen am Südrand des Erg von Rebiana und am Nordrand des Tibestigebirges zeigen eine NE-SW-Orientierung. Die dominierend formende Windrichtung wird offenbar durch den Nordostpassat und die Warmlufteinbrüche (Tabelle 9) aus der SW-Richtung gesteuert.

Von wechselnden Windrichtungen zeugen die den Barchanen aufgesetzten, gegen die Luvseite geöffneten Firste. MECKELEIN (1959) beobachtete im Ramlet Wigh einzelne SE-NW gerichtete Kämme auf den NE-SW verlaufenden Längsdünen.

Die Windgeschwindigkeit konnte in extremen Fällen innerhalb von fünf Stunden von 10,2 m/sec auf 1,9 m/sec fallen. Ein deutlicher Tagesgang der Windgeschwindigkeit wird, wie aus Fig. 16 hervorgeht, eingehalten.

Im allgemeinen legt sich der Wind gegen Abend. Windstille Tage unter 2,0 m/sec traten im Beobachtungszeitraum nur einmal auf.

An Tagen mit Sandsturm erreichte der Wind in Böen Geschwindigkeiten bis zu 32 m/sec, gemittelt über eine Minute! Die Böen sind besonders bedeutungsvoll für die Windformung, weil in ihnen sehr große Körner von 2,5 mm ⌀ noch 2 m über Grund mit großer Beschleunigung transportiert werden, die eine hohe Aufprallenergie auf das Gestein übertragen und an der Erdoberfläche ein Herausspringen von Körnern aus der dichten Grundschicht („viscid surface layer", BAGNOLD, 1941) verursachen, so daß letztere in Bereiche

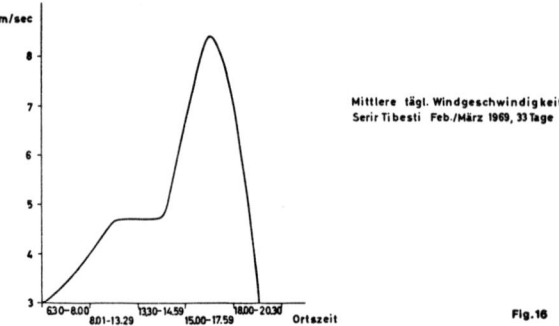
Fig. 16

höherer Geschwindigkeit gelangen, wo sie transportiert werden können. Zum anderen bewirken die plötzlich wechselnden Geschwindigkeiten („impact threshold") die Umformung derjenigen Akkumulationskörper, die sich in Anpassung an die vorhergehenden Windverhältnisse ausgebildet hatten, so daß durch die Böen ein häufiges Auflumen des Materials bewirkt wird. Die Böen spielen die gleiche Rolle wie die in einem fließenden Gewässer wandernden Turbulenzen, die am Boden starke Veränderungen in der Form und Größe der Kies- und Schotterbänke verursachen (HJULSTRÖM, 1932: Pulsatoren, Lehrfilm von MORTENSEN und HÖVERMANN, 1958: ruckweise Wasserführung).

Von MECKELEIN (1959) wird der Windrichtung bei der relativen Anreicherung der Kiesel an der Oberfläche (Deflationspflaster) die Hauptbedeutung zugeschrieben. Bei der Entstehung des Grarets wird die Windwirkung erwogen und später von FÜRST (1965) (siehe PFANNENSTIEL, 1963) für Ägypten der Kombination von Erosion und Deflation zugeschrieben. Beide Forscher benutzen die Bearbeitung des Serirmaterials zu mattierten und gerundeten Sanden als Indiz für die Tätigkeit des Windes. Für die Serir Calanscio betont SCHWEGLER (1948) die formende Wirkung des Windes, wobei auch die Rundung von Kieseln und sogar ihr Transport der Windwirkung zugeschrieben wird. Wie MECKELEIN schon ausführte, gibt es jedoch keine Hinweise auf einen größeren Transportweg von Korngrößen dieser Dimension durch den Wind.

Trotz dieser Befunde wird dem Wind nur eine geringe Bedeutung bei der Abtragung und Formung in der Serir Tibesti von MECKELEIN (1959) zugebilligt, weil dessen Wirksamkeit durch die Ausbildung einer oberflächennahen Verkrustung eine Grenze gesetzt sei.

Im Gegensatz dazu stehen Forschungsergebnisse von der Südseite des Tibestigebirges[17], wo schon früh durch TILHO (1920), DE BURTHE D'ANNELET (1932), GROVE (1960), CAPOT-REY (1961) Windformung beschrieben wurde, aber erst spät durch CAPOT-REY (1961), HÖVERMANN (1963) als eine Höhenstufe eigenständiger (HAGEDORN, 1968) äolischer Formung (jüngst von MENSCHING, STUCKMANN, 1970, bestritten) erkannt wurde. Für die Ostsahara wies RITTER (1965) auf einen Bereich hin „in welchem heute die Windwirkung für die Ausprägung des Formenschatzes bestimmend ist" und bestätigt die Auffassung A. GABRIELs (1964) für die zentrale Lut (siehe auch BOBEK, 1969).

### 8.1 Der akkumulative äolische Formenschatz

Im Nordosten des von der Serir eingenommenen Raumes treten als neues Formenelement Barchane auf (Fig. 2). Sie bilden in der Gesamtheit einen nach Süden zunehmend schmaler werdenden Keil, welcher in einem einzigen Barchan endet. Isolierte elliptische Flugsandanhäufungen (5×7 m) von maximal 40 cm Mächtigkeit, deren Zahl auf einer Strecke von 3 bis 4 km südwestlich des letzten Barchans schnell abnimmt, leitet zu der nur von einer dünnen Flugsanddecke überzogenen Alluvialdecke über. Zur Rebiana-Sandsee hin gehen die Barchane über die Zwischenformen von Ghourds (Abb. 31) (Anmerkung: Flugsand„gebirge" aus mehreren zusammengewachsenen Barchanen, die eine Höhe von ca. 80 m erreichen) in Längsdünen über.

Die Barchane überwandern die Ausbisse des Anstehenden und die Kies- und Sandwälle der fluvialen Akkumulationen (Abb. 31). Wie die Flugsanddecke stellen sie ein allochthones Sediment dar, welches jünger als die fluvialen Sedimente ist. Zwischen dem Wendekreis und 24° N fehlen Barchane oder Strichdünen[18].

Erst an den nördlichen Ausläufern des Tibestigebirges, im Bereich der fossilen Endpfanne des Bardagué und am Westrand der rezenten Endpfanne des Yebigué, treten Barchane wieder auf.

Sie sind mit der Luvseite nach Nordosten orientiert. Kleine Sekundär-Firste in entgegengesetzter Orientierung weisen auf den Einfluß der südwestlichen Winde hin.

---

[17] Der Vergleich ist gestattet, weil als ein Hauptkennzeichen der Extremwüste die hohe Verdunstungspotenz — sie liegt bei Faya Largeau um 7800 mm (CAPOT-REY, 1961) — von MECKELEIN (1959, 1961) bei einer Gegenüberstellung von saharischer und chilenischer Kernwüste betont wird. Die Windwirkung wird ja weder von MORTENSEN noch von MECKELEIN bestritten, sondern nur in die Randwüste bzw. Halbwüste verlegt.

[18] Über die Wandergeschwindigkeit von Barchanen liegt ein Wert von 19 m/Jahr von BEADNELL (1910) aus den Kharga-Oasen vor; CAPOT-REY (1947) gibt einen maximalen Wert von 46 m/Jahr an, der aufgrund der Untersuchungen ERGENZINGERs (mündl. Mittlg.) für das Gebiet von Faya Largeau/Süd-Tibesti bestätigt wurde, die mittlere Geschwindigkeit beträgt 25 m/Jahr.
Die südwestlichen Barchane auf der Serir Tibesti liegen vom Rande der Rebiana-Sandsee (Bereich zusammenhängenden Sandes) 180 km entfernt. Sie würden bei 19 m/Jahr ca. 9000, bei 25 m/Jahr ca. 7000 und bei 46 m/Jahr ca. 3000 Jahre benötigen, um diese Strecke zurückzulegen.
Da erst in den Seemergeln des fossilen Nero-Sees über dem mit 7570 B. P. datierten Material Quarzkörner auftreten, die durchaus von Flugsand stammen könnten, würde der Wert von 7000 Jahren der Größenordnung entsprechen. Tentativ könnte somit die Barchanwanderung aus der Rebiana-Sandsee in den Raum der Serir Tibesti vor etwa 7000 Jahren begonnen haben.

Gebirgseinwärts treten Barchane nur noch selten auf. Strichdünen sind an durchlaufende Talzüge gebunden (vgl. SOMMER, in Vorbereitung), statt dessen wird der Flugsand in Form von Hangschleppen abgelagert. In ca. 1000 m ü. M. ist die Höhengrenze der äolischen Akkumulation erreicht. Die Färbung der Quarzkörner, ihre Rundung und vollständige Mattierung beweisen, daß diese Flugsandkörper ihr Material überwiegend nicht aus den Wadibetten bezogen haben (PACHUR, 1966). Das Herkunftsgebiet des Sandes wird in der Serir Tibesti und der Rebiana-Sandsee gesucht werden müssen.

### 8.2 Die abtragende Wirkung des Windes

Die abtragende Wirkung des Windes (PASSARGE, 1924) ist formal in Korrasion und Deflation zu untergliedern.

Im folgenden wird der Begriff „Deflation" gebraucht, wenn es sich um die Wegführung von Material handelt, welches in den transportablen Zustand nicht durch die Sandstrahlwirkung des Windes überführt wurde. „Korrasion" beschreibt die aktiv eine Oberfläche bearbeitende Wirkung des Windes mittels windtransportierter Partikel. Deflation und Korrasion sind also nur Ausdruck verschiedener Widerständigkeit des betroffenen Materials (vgl. MORTENSEN, 1930, zusammenfassende Diskussion der älteren Literatur).

Die Abb. 30 zeigt eine Stufenstirn eines Sedimentgesteins (Wechselfolge von Kalk und Gips).

Sie gehört zu einer Schichttafel, die sich südlich vom Bir al Maruf erhebt, zu welcher eine Schrägfläche hinaufführt, die mit einer Streu aus Hornstein übersät ist. Im Grundriß gesehen wird die Stufenstirn durch flache Buchten gegliedert, deren Boden seitlich die Hänge unterschneidet. Die Buchten finden auf der Stufenfläche keine Fortsetzung, etwa in Form von kleinen Gerinnebahnen oder sonstiger Anzeichen fluvialer Aktivität. Der Boden der Buchten zeigt wie die Hänge glatte, windgeschliffene Oberflächen.

Im Aufriß wird sichtbar, daß die Stirn durch die Ausbildung von Hohlkehlen unterfahren wird. Das Nachbrechen des Hangenden führt zu einer Versteilung der Stufenstirn und zu einer Rückverlegung des Hanges parallel zu sich selbst.

Die Vorderkante der Gesteinstafel ist in einzelne Sporne aufgelöst (Abb. 30), von denen jeder eine aerodynamische günstige Form (Terminus schon bei STAPFF, 1887) angenommen hat. Die Hangpartien, welche oberhalb der Schliffkehle liegen, sind von Schutt bedeckt. Der Fuß ist dagegen schuttfrei und das Gestein windgerieft. Die Erklärung liegt in der Wirkungsweise des Windes, der nur in einer bestimmten Höhe über der Oberfläche maximale Schleifwirkung erreicht. Letztere ist eine Funktion der Windgeschwindigkeit und des

Abb. 30  Höhe der Stufenstirn 2,5 m. Serir Tibesti, Südrand Djebel Maruf, ca. 25° 05' N, 18° 30' E

Sandtransportes, die zum Boden gegen Null geht (BAGNOLD, 1941); mit der Höhe wächst zwar die Windgeschwindigkeit, aber nicht in gleichem Maße die Menge des transportierten Sandes, so daß daraus ein Bereich maximalen Sandtransportes resultiert. Der morphologische Ausdruck dieser physikalischen Gesetzmäßigkeit ist die Hohlkehle, welche aus zwei Schrägflächen zusammengesetzt werden kann, einer vom Erdboden ausgehenden zum Punkt maximaler Schleifwirkung und eine von diesem Punkt schräg nach oben ziehenden Fläche abnehmender Schleifwirkung. Die Höhe der Schliffkehle über dem Boden schwankt zwischen 0,5 und ca. 2 m.

Oberhalb des Bereichs maximalen Sandtransportes führt der Wind im wesentlichen nur noch Material ab, ohne über die Sandstrahlwirkung direkt die Oberfläche zu bearbeiten. Dies geht auch aus den über dieser Zone erhaltenen Krusten hervor (vgl. HAGEDORN, 1968, HABERLAND, 1970).

Bei der Ausbildung der Sandschliffkehle wird die Verwitterung aufgrund der an der Erdoberfläche und am Hangfuß sich sammelnden Feuchtigkeit betont KNETSCH, 1960, WILHELMY, 1958, MEKKELEIN, 1959, und zahlreiche weitere Beobachtungen dieser Art. Im Bereich dominierender Windformung beginnt die Hohlkehle jedoch nicht unmittelbar an der Erdoberfläche, sondern ca. 50 cm darüber, um dann noch in den Fels hineinzuwachsen. Die Gesteinsoberfläche im Bereich der Sandschliffkehle ist nicht durch Abgrusungs-, Lösungs- oder sonstige Verwitterung zurückgehende Kleinformen geprägt, sondern ist glattgeschliffen und in der Windrichtung längsgestriemt. Die dominierende Bearbeitung geht somit vom Wind aus.

Im Granit steht die durch Gestein und Verwitterung gesteuerte Abgrusung und die korrasive und deflatorische Wirkung des Windes in einem anderen Größenverhältnis, so daß es zu weniger deutlich windabhängigen Formen (Petrovarianz) kommt, wie etwa die aerodynamisch geformten Ausblasungsrückstände von limnischer Sedimenten, in denen das Verhältnis von äolischer Abtragung und Widerständigkeit des Materials zu optimaler aerodynamischer Formung führt (s. Abb. 18 und 19).

Die flächenhafte Wirkungsweise der äolischen Formung soll mit folgenden Befunden aus dem Untersuchungsgebiet belegt werden.

Die Abb. 33 zeigt Teile eines Basaltstromes, der nur wenige Dezimeter die Oberfläche der Alluvialdecke durchragt. Der in einzelne Brocken aufgelöste Basalt ist bis zu einer Tiefe von ca. 10 cm von einer grobkörnigen Flugsanddecke eingehüllt. Nur oberhalb dieser Flugsanddecke ist das Gestein facettiert worden.

Offenbar schafft sich die strömende Luft durch die Akkumulation des Flugsandes die optimale aerodynamische Form, über welche mit der geringsten Turbulenz der Sand hinwegtransportiert werden kann. Es stellt sich ein Gleichgewichtszustand zwischen Windgeschwindigkeit, Korngröße des transportierten Sandes und Oberflächenform ein. Sobald das Gleichgewicht durch den Einschlag eines Regentropfens oder Änderung der Windgeschwindigkeit, verbunden mit der Änderung der Korngröße (vgl. MECKELEIN, 1959) gestört wird, setzt sofort eine sehr intensive Formung ein, die zu einem Stromlinienkörper hin gerichtet ist, d. h. dem Zustand geringsten Widerstandes. Dabei stellt sich ein Bereich häufigsten Sandtransportes ein, dessen Wirksamkeit die Facettierung des Gesteins wiedergibt.

Die Flugsanddecke, die auch die Alluvionen außerhalb des Basaltkomplexes in geringerer Mächtigkeit überzieht, gehorcht der gleichen Gesetzmäßigkeit; sie stellt ein temporäres Sediment (Abb. 36) dar, dessen Korngröße zur Zeit der Beobachtung zu groß oder zu klein für den Transport durch den gerade herrschenden Wind ist (vgl. BAGNOLD, 1941).

Eine quantitative Abschätzungsmöglichkeit der abtragenden Wirkung des Windes bietet sich im Bereich der limnischen Akkumulationen am Djebel Nero an.

Die Tamarisken stocken auf den Endpfannensedimenten („jüngere" Alluvionen), die ihrerseits über den limnischen Sedimenten liegen (Abb. 24). Holz von der Basis des Tamariskenhügels wurde mit $1435 \pm 50$ B. P. (32) datiert. Da der Fußpunkt des Tamariskenhügels heute 4 m über der vom Wind korradierten Seekreideoberfläche liegt, ergibt sich ein Zeitraum von ca. 1400 Jahren für die Deflation in Feinsand, Schluff (fluviale Dachlage) und Seekreide, d. h. $2,8 \text{ m}/10^3$ Jahre. Bei Berücksichtigung des Aufwuchsalters von 800 Jahren (s. Tab. 8) des etwa 7 m hohen Tamariskenhügels ergäbe sich ein Abtrag von $2 \text{ m}/10^3$ Jahren; da Stammholz datiert wurde, kann das Aufwuchsalter berücksichtigt werden.

Wo das Windfeld durch spezielle örtliche Gegebenheiten, z. B. hinter größeren Hindernissen (Abb. 34) abgewandelt wird, kommt es zu kleinräumigen Abtragungsleistungen von $> 3 \text{ m}/10^3$ Jahre.

Diese Beträge müssen natürlich auch für die fluvialen Akkumulationsbereiche, wo in den Schlußphasen Silt und Ton sedimentiert wurde, berücksichtigt werden. Das heutige Bild der fluvialen Akkumulationsformen muß wesentlich von der abtragenden Wirkung des Windes mitgestaltet worden sein, wie auch das Deflationspflaster beweist. Die Abb. 35 aus dem Bereich der „jüngeren" Alluvionen belegt die bedeutende flächenhaft abtragende Wirkung des Windes durch die in Höhe der Erdoberfläche abgeschnittenen, in Grobschluff eingelagerten Bimstuffe.

Andererseits gleicht der Wind kleinere Geländedepressionen durch die Akkumulation von Flugsand aus. Aufschlußgrabungen von über 1 m Tiefe waren innerhalb eines 3/4 Jahres, bis auf eine flache Mulde, durch grobkörnigen Flugsand verfüllt, die saltierend transportierten Korngrößen wurden vorwiegend in der Vertiefung gefangen. Die Körner werden aufgrund ihrer Position und der Größe vom Wind dann nicht mehr aufgenommen. Der gleiche Vorgang spielt sich in den Fahrspuren ab, ihre lange Erhaltung ist der Plombierung durch die vom Wind nur saltierend und rollend (BAGNOLD, 1941) transportierten Körner zu verdanken. Die aufgebogenen Ränder der Fahrspur dagegen werden sehr schnell abgetragen und abgeflacht.

In natürlichen Depressionen erreichte die Flugsandmächtigkeit über 1,2 m. In der Regel zeigen die äolischen Sedimente eine Schichtung von gröberem und feinerem Sand, welche allein auf differenzierte äolische Transport- und Sedimentationsbedingungen zurückzuführen ist (GLENNIE, 1970).

Es ist daher Vorsicht geboten, aufgrund der Schichtung eine alluviale Bildung abzuleiten. Erst die Zwischenlagen von Ton- und/oder Schluffhorizonten oder das Auftreten von Korngrößen, welche die äolische Transportkraft überschreiten, spricht für eine alluviale Genese.

Im nördlichen Teil der Serir Calanscio wurde in den Verfüllungen von Depressionen eine Wechsellagerung von Flugsand mit Ton- und Schluffhorizonten (Abb. 37) gefunden, die auf eine Mitwirkung von Wasser zurückgeführt werden muß. Nach gelegentlichen Starkregen wird Feinmaterial in flachen Pfützen sedimentiert, das nur auf den Flächen nach Austrocknung vom Wind fortgeführt wird (SCHWEGLER, 1948, vgl. auch KLITZSCH, 1966).

In den Depressionen dagegen bleibt das Feinmaterial infolge der geringeren Angriffsmöglichkeit des Windes und der in den feuchten Depressionen schon einsetzenden Akkumulation von gröberen Körnern (selektive Akkumulation) erhalten, auch wenn auf den Flächen bereits die Windabtragung begonnen hat.

Die im Nordteil der Serir Calanscio gegenüber der Serir Tibesti höhere Feuchtigkeit kann aber nicht nur aus den rezenten Sedimenten erschlossen werden, sondern drückt sich auch in Tagen mit hohem Taufall (KANTER, 1965) und in der Tierwelt (Mäuse, Springmäuse, Fenek) und vereinzelten Grasflecken in Depressionen wie in einer Niederschlagshöhe von 11,7 mm (Augila) aus.

Die episodischen Niederschläge führen jedoch nicht zu einem erosiven Formenschatz, sondern bewirken nur eine flächenhafte Verteilung von Sand und Kies.

Damit ist nicht gesagt, daß fluviale Formen und Formung völlig fehlen, wie ja MECKELEIN (1959) z. B. in der Caldera von Wau en Namus (Abb. 38) belegt. Die markanten Gerinnebahnen sind dort jedoch in einem sehr salzhaltigen Material angelegt, welches wegen der Ausbildung einer Salzkruste extrem günstig für die Erhaltung von Erosionsspuren ist (MORTENSEN, 1927). Der gegenüberliegende Caldera-Hang dagegen ist frei von jeder fluvialen Gerinnebahn; es handelt sich hier um relativ grobkörniges Material mit großem Porenvolumen, welches für die Ausbildung und Erhaltung von Erosionsspuren sehr ungünstig ist.

Die Ausbildung eines erosiven Formenschatzes oder sein völliges Fehlen im Untersuchungsgebiet ist an bestimmte petrographische Voraussetzungen gebunden, beide Beispiele sind daher für das hier behandelte Problem ohne große Beweiskraft.

Die Befunde MECKELEINs über „mikrofluviale" Formung im Untersuchungsgebiet können voll bestätigt werden. Sie spielen auch eine wichtige Rolle in den Alluvionen, indem durch Verschwemmungsprozesse das Deflationspflaster zerstört wird und der Wind Angriffsmöglichkeiten am darunterliegenden Feinmaterial erhält.

Die oben dargelegten Befunde zeigen jedoch, daß dem äolisch gesteuerten Prozeßgefüge eine wesentliche Bedeutung bei der Formung zukommt. Die Windwirkung nimmt nicht zu den zentralen Teilen des Trockenraumes ab (MECKELEIN, 1959), sondern steigert sich, weniger durch die Ausbildung von Akkumulations- als durch Abtragungsformen.

Der Wind führt in der südlichen Serir Calanscio (Nordgrenze ca. 28° N) und der Serir Tibesti im Anstehenden zu einer aerodynamischen Überformung, trägt die limnischen Akkumulationen flächenhaft ab oder formt aus ihnen stromlinienförmige Körper, er gleicht kleine Reliefunterschiede durch Akkumulation aus und schafft im Bereich grobkörniger Sedimente die Deflationsdecken. Das äolisch gesteuerte Prozeßgefüge bearbeitet einen ererbten Formenschatz, der durch fluviale Erosion und fluviale und limnische Akkumulation — natürlich auch wieder in gewisser Abhängigkeit von präexistierenden Formen — geprägt war. Über die Zeit gemittelt zog sich der fluvial-limnisch geprägte Raum immer weiter in das Gebirge, zugunsten des äolisch überformten Bereiches zurück. Hierin drückt sich ein echter Wandel in Formungsstil innerhalb des Zeitraumes vom Frühholozän bis in die Gegenwart aus.

Mit dieser Unterscheidung sind zwei weitere Kriterien für die Abgrenzung einer Kernwüste, nämlich gleichbleibende Formung seit dem Tertiär und Zurücktreten der Windwirkung, in Frage gestellt. Klimatisch dürfte der Unterschied die Grenze zum Semiariden nicht wesentlich überschritten haben. Innerhalb dieser Spannweite können sich aber die morphologischen Formungsstile verändern. Deshalb ergibt sich die Unsicherheit, ob das klimatisch abgeleitete Unterteilungsprinzip geeignet ist, auch die geomorphologischen Sachverhalte mit hinreichender Schärfe abzugrenzen. Falls man den klimatischen Schwankungsbereich weit erfaßt, sind die Veränderungen als graduell anzusehen. Legt man jedoch den Formenschatz zugrunde, so muß man von einer Änderung sprechen, die im Untersuchungsgebiet zu einer Höhenstufe zwischen 500 m ü. M. und 100 m ü. M. geführt hat, in welcher die Windformung gegenwärtig über die fluviale Formung dominiert.

Tabelle 9

| Datum | Zeit | Wind (m/s) | Richtung | Aspirationspsychrometer trocken | feucht | R (%) | |
|---|---|---|---|---|---|---|---|
| 15. 2. | 12.00 | 10.5 b | SW | | | | 26° 10' N, 15° 50' E |
| 16. 2. | 8.15 | | | 24.6 | 14.0 | 28.7 | Wau el Kebir |
| | 14.59 | 8.0 | SW | 34.8 | 18.0 | 17.0 | Wau el Kebir |
| | 19.34 | 2.4 | SW | 28.8 | 13.8 | 14.6 | Wau el Kebir |
| 17. 2. | 7.45 | 1.8 | SW | 10.2 | 6.8 | 61.4 | 24° 18' N, 17° 40' E |
| | 13.15 | 6.8 | NE | 25.8 | 14.8 | 28.9 | 24° 18' N, 17° 40' E |
| | 19.05 | 5.0 | NW | 22.8 | 12.2 | 25.8 | 24° 18' N, 17° 40' E |
| 18. 2. | 8.00 | 6.2 | NW | 12.8 | 6.2 | 34.6 | Wau el Kebir |
| | 12.00 | 2.0 | NW | | | | Wau el Kebir |
| 20. 2. | 18.00 | 4.0 | NW | 24.2 | 10.1 | 9,4 | 24° 18' N, 17° 40' E |
| 21. 2. | 9.10 | C | | 12.2 | 5.4 | 31.1 | 23° 31' N, 17° 28' E |
| | 11.56 | 0.9 | NE | 23.2 | 10.0 | 12.3 | 23° 31' N, 17° 28' E |
| | 14.08 | | | 28.0 | 14.0 | 17.4 | 23° 31' N, 17° 28' E |
| | 20.08 | 4.2 | NE | 20.2 | 10.0 | 23.3 | 23° 31' N, 17° 28' E |
| 22. 2. | 7.14 | 1.8 | SW | 7.3 | 1.0 | 23.9 | 23° 31' N, 17° 28' E |
| | 12.00 | 2.0 | SW | 27.2 | 12.0 | 10.8 | 23° 31' N, 17° 28' E |
| | 13.25 | | | 31.2 | 13.5 | 8.3 | 23° 31' N, 17° 28' E |
| | 19.30 | 1.8 | NE | 25.0 | 11.0 | 11.9 | 23° 31' N, 17° 28' E |
| 23. 2. | 7.01 | 4.9 | SW | 15.8 | 5.5 | 11.9 | 23° 31' N, 17° 28' E |
| | 12.00 | 3.4 | SW | 29.5 | 11.8 | 4.9 | 23° 31' N, 17° 28' E |
| | 13.30 | | | 32.0 | 14.5 | 11.0 | 23° 31' N, 17° 28' E |
| | 18.48 | 1.1 | NW | 29.0 | 14.5 | 17.1 | 23° 31' N, 17° 28' E |
| 24. 2. | 6.55 | 0.5 | U | 15.0 | 5.8 | 18.1 | 23° 31' N, 17° 28' E |
| | 12.00 | | | 31.5 | 14.5 | 11.0 | 23° 31' N, 17° 28' E |
| | 13.30 | | | 35.0 | 15.8 | 9.1 | 23° 31' N, 17° 28' E |
| | 14.30 | 3.0 | SW | 34.2 | 16.5 | 12.8 | 23° 31' N, 17° 28' E |
| | 18.55 | | | 30.8 | 14.6 | 13.0 | 23° 31' N, 17° 28' E |
| 25. 2. | 7.14 | 2.8 | SW | 12.3 | 5.6 | 34.0 | 23° 31' N, 17° 28' E |
| | 11.46 | 6.0 | WNW | 32.0 | 14.8 | 11.4 | 23° 31' N, 17° 28' E |
| | 14.06 | | | 34.2 | 16.2 | 11.7 | 23° 31' N, 17° 28' E |
| | 19.20 | | | 27.0 | 10.8 | 6.0 | 23° 31' N, 17° 28' E |
| 28. 2. | 12.00 | 1.8 | NW | | | | 24° 18' N, 17° 40' E |
| | 18.05 | 1.2 | NW | | | | 24° 18' N, 17° 40' E |
| 1. 3. | 6.40 | 4.8 | SW | 14.0 | 5.0 | 16.9 | 24° 18' N, 17° 40' E |
| | 13.30 | 2.0 | SW | 35.2 | 17.3 | 13.7 | 23° 31' N, 17° 28' E |
| | 19.55 | C | | 28.2 | 11.0 | 3.3 | 23° 31' N, 17° 28' E |
| 2. 3. | 7.41 | C | | 8.2 | 1.0 | 16.0 | 23° 31' N, 17° 28' E |
| | 12.36 | 2.0 | NE | 30.8 | 14.0 | 10.6 | 23° 31' N, 17° 28' E |
| | 14.18 | C | | 34.8 | 15.0 | 6.8 | 23° 31' N, 17° 28' E |
| 3. 3. | 7.20 | 2.3 | SW | 8.0 | 4,2 | 53.8 | 23° 00' N, 17° 35' E |
| | 12.00 | 3.0 | SW | 28.0 | 15.0 | 22.0 | 23° 00' N, 17° 35' E |
| | 14.00 | | | 32.5 | 14.8 | 13.2 | 23° 00' N, 17° 35' E |
| | 19.50 | | | 24.2 | 9.2 | 5.4 | 23° 00' N, 17° 35' E |
| 4. 3. | 7.02 | C | | 10.0 | 1.8 | 11.9 | 23° 00' N, 17° 35' E |
| | 14.00 | 2.1 | SW | 35.8 | 13.8 | 1.8 | 23° 00' N, 17° 35' E |
| | 19.37 | C | | 29.6 | 11.0 | 1.6 | 23° 00' N, 17° 35' E |
| 5. 3. | 6.50 | 1.3 | SE | 13.0 | 4.0 | 14.3 | 23° 00' N, 17° 35' E |
| | 12.44 | 2.8 | SW | 35.8 | 17.0 | 11.5 | 23° 00' N, 17° 35' E |
| | 20.30 | C | | 30.3 | 13.2 | 8.4 | 22° 55' N, 18° 10' E |
| 6. 3. | 6.36 | C | | 18.2 | 5.8 | 4.5 | 22° 55' N, 18° 10' E |
| | 12.21 | C | | 35.8 | 16.5 | 10.1 | 22° 55' N, 18° 10' E |
| | 22.10 | 2.5 | NW | 31.0 | 13.6 | 8.7 | 22° 55' N, 18° 10' E |
| 7. 3. | 7.00 | 10.2 | NW | 17.8 | 13.0 | 57.9 | 22° 55' N, 18° 10' E |
| | 12.05 | 1.9 | NW | | | | 22° 55' N, 18° 10' E |
| | 17.08 | | | 32.0 | 15.8 | 14.9 | 22° 55' N, 18° 10' E |
| | 19.20 | 3.2 | NE | 28.0 | 13.9 | 17.5 | 22° 55' N, 18° 10' E |
| 8. 3. | 6.50 | 4.2 | SW | 18.8 | 9.5 | 26.6 | 22° 55' N, 18° 10' E |
| | 11.00 | C | | 30.5 | 14.8 | 14.8 | 22° 55' N, 18° 10' E |
| | 19.14 | 3.2 | NW | 33.6 | 15.2 | 9.6 | 22° 55' N, 18° 10' E |
| 9. 3. | 6.54 | 1.3 | NW | 21.4 | 10.8 | 23.2 | 22° 55' N, 18° 10' E |
| | 13.37 | 5.9 | NW | 33.0 | 17.0 | 17.1 | 23° 39' N, 17° 45' E |
| | 19.55 | 10.1 | NE | 24.8 | 12.5 | 19.8 | 23° 39' N, 17° 45' E |
| 10. 3. | 7.00 | 8.0 | NE | | | | 24° 18' N, 17° 40' E |
| | 17.33 | 8.2 | ENE | 21.5 | 12.5 | 33.0 | 24° 18' N, 17° 40' E |

Fortsetzung Tabelle 9 von S. 48

| Datum | Zeit | Wind (m/s) | Richtung | Aspirationspsychrometer trocken | feucht | R (%) | |
|---|---|---|---|---|---|---|---|
| 11. 3. | 7.15 | 6.0 | NE | 9.5 | 6.5 | 64.1 | 24° 18' N, 17° 40' E |
| | 14.14 | | | 23.0 | 12.0 | 23.9 | 24° 18' N, 17° 40' E |
| | 18.00 | 11.0 | NE | | | | 24° 18' N, 17° 40' E |
| 12. 3. | 7.10 | 6.0 | NE | 9.5 | 5.0 | 48.3 | 24° 18' N, 17° 40' E |
| | 15.53 | 8.3 | NE | 26.5 | 13.0 | 17.5 | 24° 18' N, 17° 40' E |
| | 17.50 | 7.0 | NE | 24.2 | 12.4 | 21.9 | 24° 18' N, 17° 40' E |
| 13. 3. | 7.25 | 5.1 | NE | 11.9 | 6.0 | 38.4 | 24° 18' N, 17° 40' E |
| | 12.08 | 7.0 | NE | | | | 24° 18' N, 17° 40' E |
| | 18.04 | 4.0 | NE | | | | 24° 18' N, 17° 40' E |
| 14. 3. | 8.09 | 1.2 | NE | 11.8 | 6.0 | 39.8 | 24° 18' N, 17° 40' E |
| | 13.00 | 6.1 b | NE | 25.8 | 13.0 | 19.4 | 24° 18' N, 17° 35' E |
| | 18.51 | C | | 24.6 | 11.5 | 15.2 | 24° 18' N, 17° 35' E |
| 15. 3. | 7.30 | 2.0 | SW | 9.9 | 3.6 | 39.8 | 24° 18' N, 17° 35' E |
| | 12.06 | 4.3 | SW | 27.9 | 12.9 | 19.4 | 24° 18' N, 17° 35' E |
| | 18.36 | 0.3 | SW | 29.2 | 13.9 | 15.2 | 23° 25' N, 16° 50' E |
| 16. 3. | 7.31 | 5.2 | NE | 14.3 | 8.9 | 47.5 | 23° 25' N, 16° 50' E |
| | 13.00 | 13.0 | SW | 36.2 | 15.5 | 17.2 | 23° 25' N, 16° 50' E |
| | 14.05 | 11.8 | SW | | | | 23° 25' N, 16° 50' E |
| | 15.30 | 10.6 b | SW | | | | 23° 25' N, 16° 50' E |
| | 19.28 | 8.8 | SW | 31.4 | 13.2 | 6.4 | 23° 25' N, 16° 50' E |
| 17. 3. | 7.10 | 4.8 | NE | 14.3 | 12.9 | 33.6 | 23° 25' N, 16° 50' E |
| | 14.54 | 5,9 | SW | 27.8 | 14.6 | 21.6 | 23° 25' N, 16° 50' E |
| | 18.20 | 1.2 | NW | 28.9 | 13.4 | 12.5 | 23° 25' N, 16° 50' E |
| 18. 3. | 7.00 | 3.4 | NW | 12.9 | 5.5 | 35.6 | 23° 25' N, 16° 50' E |
| | 12.46 | 5.6 | SW | 32.3 | 18.0 | 22.8 | 23° 25' N, 16° 50' E |
| | 14.26 | | | 35.4 | 15.3 | 7.5 | 23° 25' N, 16° 50' E |
| | 15.06 | 8.0 | SW | | | | 23° 25' N, 16° 50' E |
| | 18.44 | | | 32.8 | 14.9 | 9,7 | 23° 25' N, 16° 50' E |
| 19. 3. | 7.18 | 4.2 | NE | 15.2 | 8.2 | 35.6 | 23° 25' N, 16° 50' E |
| | 13.25 | 1.9 | SW | 25.8 | 13.0 | 19.4 | 23° 25' N, 16° 50' E |
| | 20.15 | 1.0 | NW | 23.3 | 11.6 | 20.6 | 24° 40' N, 17° 05' E |
| 20. 3. | 6.31 | 8.0 | SW | 17.2 | 7.5 | 20.6 | 24° 40' N, 17° 05' E |
| 23. 3. | 7.00 | 3.0 | NE | | | | 24° 40' N, 17° 05' E |
| | 12.00 | 4.2 | NE | 35.2 | 13.9 | 2.8 | 24° 18' N, 17° 40' E |
| | 18.00 | 2.0 | SW | 28.2 | 12.0 | 8.7 | 24° 18' N, 17° 40' E |
| 24. 3. | 7.00 | 5.3 | SSE | | | | 24° 18' N, 17° 40' E |
| | 12.00 | 7.9 | SSW | 35.9 | 16.0 | 8.3 | 24° 18' N, 17° 40' E |
| | 21.00 | 4.9 | SW | 28.0 | 11.2 | 8.4 | Wau el Kebir |
| 25. 3. | 7.00 | 3.0 | E | | | | Wau el Kebir |
| | 12.00 | 7.6 | SSW | 39.2 | 17.8 | 18.00 | Wau el Kebir |

Anmerkungen:

U = Umlaufende Winde

C = Kalmen

b = in Böen höhere Geschwindigkeit

Die Lufttemperatur wurde mit einem trockenen Thermometer eines Aspirationspsychrometers der Firma Fuess (Typ Grubenassmann) etwa 1,8 m über Grund gemessen.

Die relative Luftfeuchtigkeit wurde von Herrn HABERLAND nach der Schrift T 50 (Firma Fuess) berechnet; eine Luftdruckreduktion wurde nicht vorgenommen.

Die Windgeschwindigkeit wurde mittels Handanemometer der Firma Fuess ca. 2,0 m über Grund, gemittelt über eine Minute, gemessen.

Die Messungen führten durch: HABERLAND, DAHNKEN, REINECKE, PACHUR.

Abb. 30   Siehe Seite 45.

Abb. 31   Ghourd (Höhe ca. 70 m) im Bereich der „älteren" Alluvionen, die im Vordergrund als flache Kieswälle sichtbar sind. Nordosten der Serir Tibesti, ca. 24° 12' N; 18° 40' E.

Abb. 32   Korrasionswannen im Kalk auf einer Landterrasse des Djebel Maruf. Im Hintergrund erheben sich über die Korrasionsfläche die Reste der völlig aufgelösten Stufenstirn. Konkretionen im Kalk sind herauspräpariert und bilden die luvseitige Spitze von winzigen Gesteinsrippen. Maßstab: Objektivdeckel vorn rechts.

Abb. 33   Die oberen Zentimeter der Sanddecke, in welche die Basaltblöcke eingehüllt sind, bestehen aus grobkörnigem Flugsand, der hier selektiv akkumuliert wurde. Die darüberliegenden Bereiche wurden häufiger von der Sandstrahlwirkung erreicht und facettiert, während unterhalb der Oberfläche die Vorform mit einer Krustenbildung erhalten blieb.
(Aufnahme: Haberland, 1970)

Abb. 34   Am SW-Rand des Djebel Nero (Hintergrund) sind auf den limnischen Sedimenten (direkt hinter dem 1,9 m hohen Fahrzeug aufgeschlossen) Tamariskenhügel (Kupsten) entstanden, die einen Leewirbel erzeugen, welcher zu einer verstärkten Abtragung der Sedimente in Form einer Deflationswanne führt.

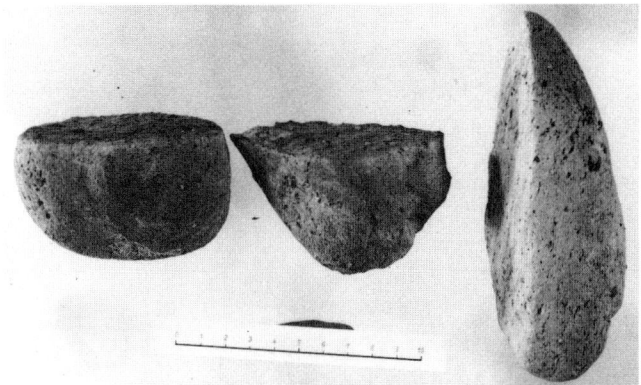

Abb. 35
Links oben ungestörte, temporäre Flugsanddecke. Unter ihr wird ein Deflationspflaster aus windkorradierten Tuffschottern (Abb. 36 einzeln) sichtbar. „Jüngere" Alluvionen, Serir Tibesti, ca. 23° 44' N; 17° 10' E.

Abb. 36
(Aufnahme: K. Wolfermann)

Abb. 38  Links durch Erosionsrinnen zerfurchter Hang des Zentralkegels in der Caldera von Wau en Namus. Rechts und Mittelgrund der steile konkave Caldera-Innenhang ohne Erosionsspuren.

Abb. 37
Wechsellagerung von Flugsand mit Ton und Schluff. Depression im Wadi Behar Belama, durch rezente Vorgänge der äolischen Akkumulation und Verschwemmung verfüllt.
Photo: M. Kuhle

## 9. Zusammenfassung

Im Raum der Serir Tibesti wurden drei Alluvialdecken unterschiedlichen Alters festgestellt.

1. Eine im wesentlichen Quarze führende, nach der Akkumulation rot verwitterte, maximal drei Meter mächtige Alluvialdecke, die „älteste" Akkumulation. Sie ist in Resten auf den höchsten Geländepartien im Zentrum der Serir Tibesti und an ihrer West- und Ostseite erhalten. Bei der Rotverwitterung handelt es sich um eine Roterdebildung, die unvereinbar mit den heutigen Klimabedingungen ist. Sie erfordert höhere Niederschläge, deren untere Grenze bei 200 mm Jahresniederschlag liegt.

2. Eine stellenweise über 10 m mächtige „ältere" Alluvialdecke aus Schottern, Kiesen und Sanden verschiedenster Gesteine, deren Herkunftsgebiet im Tibestigebirge und im Djebel Eghei liegt. Ihre Ablagerung erfolgte in periodisch bis episodisch Wasser führenden Gerinnebahnen. Die Alluvionen, verbunden mit einem fossilen fluvialen Formenschatz (Sand-Kiesbänke sowie Uferwälle des gleichen Materials), konnten über den Raum der Serir Tibesti bis in die Serir Calanscio verfolgt werden. Im Bereich des Wadi Behar Belama wurde die Serir Calanscio in nordöstlicher Richtung gequert. Damit ist der Anschluß an die fossilen Flußläufe unter dem Erg von Giarabub (DICESARE et al., 1963) und die Entwässerung in die Kattara-Senke über die Tiefenlinie von Giarabub wahrscheinlich geworden. Im Zusammenhang mit dieser klimatisch feuchteren Phase steht die Ausbildung eines Süßwassersees unter 23° 30' N (Djebel Nero) im Raum der Serir Tibesti. In einem ca. 15×20 km großen Seebecken wurde eine etwa 11 m mächtige Abfolge von Seekreide und Seemergel sedimentiert. Das Ende der Akkumulation von Seekreide ist nach 7500 B. P. anzunehmen. Aufgrund allgemeiner Überlegungen und von Parallelisierungen mit feuchteren Phasen im Tibestigebirge ist der Beginn der Schüttung der Alluvialdecke um 15 000 B. P. anzunehmen.

3. Im Süden der Serir Tibesti legte sich über die „ältere" Alluvialdecke eine weitere, die durch das Fehlen einer Verwitterungsschicht, geringere räumliche Ausdehnung und feineres Material gekennzeichnet ist. Die Ausbreitung fällt in die Zeit zwischen 5000 B. P. und etwa 2000 B. P. Im gleichen Zeitraum wurden am Rande der Dor el Beada (25° N) Seekalke sedimentiert. Das Seebecken am Djebel Nero wurde Akkumulationsraum für feinsandige fluviale Absätze in der Spätphase dieses feuchteren Abschnittes. In den Stillwasserarmen eines anastomosierenden Gerinnenetzes wurde Schlamm sedimentiert, der in der späteren Trockenzeit das Substrat für die Bildung von Staubböden (Fesch-Fesch) abgab.

Der durch 14-C-Datierung abgesicherte Zeitraum erstreckt sich vom Spätpleistozän bis zum Holozän. In die davor liegende Zeit ist die „älteste" rot verwitterte Akkumulation zu stellen, deren Alter zwischen Post-Obereozän und Ablagerung der „älteren" Alluvialdecke liegt. Der Sedimentation der „älteren" Decke ging jedoch eine Erosionsphase voraus, in welcher das Eozän, möglicherweise an Talzüge gebunden, ausgeräumt wurde. An der nachfolgenden Sedimentation in das präalluviale Relief müßten die Akkumulations- und Erosionsphasen, die zur Ausbildung der hochgelegenen Terrassen im Tibestigebirge (bei HAGEDORN und JÄKEL, 1969, zusammengefaßt) und des westlichen Eghei geführt haben, beteiligt gewesen sein. Inwieweit diese Terrassen der „älteren" Alluvialdecke entsprechen, konnte nicht ermittelt werden. Es ist zu vermuten, daß wesentliche Bestandteile der in der Serir Calanscio außerhalb des Wadi Behar Belama nachgewiesenen Alluvionen diesen Phasen entsprechen, das gleiche gilt für die Schotter auf Gesteinsausbissen in der südlichen Serir Tibesti (Fig. 6).

Wie diese Vermutungen sind alle Angaben über hocheiszeitliche und frühere klimatischen Bedingungen im Untersuchungsgebiet hypothetisch.

Für das Postwürm kann jedoch festgehalten werden, daß der rezent hocharide Zustand — und damit die Existenz eines Kernwüstenraumes in der Zentralsahara — zeitweise nicht gegeben war.

Die morphologischen Befunde, die für höhere Niederschläge sprechen, werden durch Belege über die Existenz von Großsäugern der Savanne gestützt. An der Südgrenze der Serir Tibesti wurden unter 22° 40' N Skeletteile von Elefant und Giraffe gefunden, sowie solche von Elefant in der Serir Calanscio im Wadi Behar Belama (27° 25' N, 21° 10' E). Die 14-C-Datierung der Knochen von der Fundstelle unmittelbar am Südrand der Serir Tibesti ergab ein radiometrisches Alter von ca. 6400 B. P. und ca. 7000 B. P. (GABRIEL, 1971). Angesichts des Grünfutterbedarfs des Elefanten von 130 bis 160 kg täglich (BOURLIERE, 1963) muß mit einer relativ dichten Galerievegetation gerechnet werden. Die Trockengrenze der Verbreitung des Elefanten liegt nach MAUNY (1956) bei 100 mm Niederschlag, andererseits kommt der Elefant heute nur in Gebieten mit mehreren hundert mm Niederschlag vor, wobei günstige mikroökologische Bedingungen von Bedeutung sind (nach BUTZER, 1964). Nördlich der Endpfanne des Enneri Yebigué und an der Westseite des Djebel Eghei wurden Knochen von Boviden gefunden, letztere 14-C-datiert mit ca. 5000 B. P.

Die Diatomeenflora der Sedimente am Djebel Nero (23° 30' N) belegt einen flachen Süßwassersee zu dessen Bildung, angesichts einer aktuellen potentiellen Verdunstung von 6 m/Jahr (DUBIEF, 1963), feuchteres Klima notwendig war.

Der beim Haushalt des Sees in Rechnung zu setzende Fremdwassereinfluß aus dem Tibestigebirge würde im Hochland gegenüber heute erhöhte Niederschläge bedingen, die in abgeschwächtem Maße aber auch die benachbarten Flachbereiche erfaßt haben müssen, wie aus allgemeinen Überlegungen und dem Vergleich mit rezenten Abflußsystemen abgeleitet wird. Die zahlreichen Funde von Süßwassergastropoden im Untersuchungsgebiet stützen diese Folgerung.

Pollenanalysen aus einem Seesediment an der Dor el Beada und Stillwassersediment des Wadi Behar Belama zeigen eine Verschiebung der heutigen mediterranen Arealgrenze von der Küstenregion nach Süden um mindestens 300 km; ungeachtet der Möglichkeit einer Ausbreitung der Reliktflora aus den Gebirgen. Aus der Existenz von Akazien (14-C-Datierung eines ca. 35 cm dicken Stammholzes) im Zentrum der Serir Tibesti folgt ebenfalls eine gegenüber heute verminderte Trockenheit in der Zeit um 1700 B. P. Um 1400 B. P. wuchsen auf den Sedimenten am Djebel Nero Tamarisken auf.

Zahlreiche an „Steinplätze" gebundene Funde von neolithischen Artefakten, welche vom Nordrand des Tibestigebirges bis in die Serir Calanscio verbreitet sind, belegen die Inbesitznahme des Raumes durch jagende und sammelnde Menschengruppen. Eine indirekte Datierung von Artefakten durch Säugerknochen ergab ein radiometrisches Alter von ca. 5000 B. P. Eine wahrscheinliche ältere „Besiedlungsphase", deren Zeugnisse auf die höchsten Geländepartien im Raum der Serir Tibesti beschränkt sind, könnte in dem übrigen Gebiet durch eine jüngere morphologische Überformung ausgelöscht worden sein. Ungeachtet dieser speziellen Problematik weisen die Funde, oft vergesellschaftet mit Straußeneischalen (der Strauß kommt nach KNETSCH, 1950, in Gebieten mit ungefähr 200 mm Niederschlag vor) auf weniger lebensfeindliche Bedingungen hin, als sie gegenwärtig herrschen. Es sei ausdrücklich betont, daß die Verteilung der Steinplätze keine Bindung an Durchzugswege abzuleiten gestattet.

Die Serir Tibesti stellt in der Gegenwart einen der trockensten Räume der Erde dar, mit einem Jahresniederschlag um 5 mm und einer potentiellen Verdunstung von etwa 6 m (DUBIEF, 1963). Windstille Tage sind selten; häufig treten an Warmlufteinbrüche aus Südwesten oder an den Nordostpassat gebundene Sandstürme auf. Im Untersuchungsgebiet wird die Windwirkung durch die Ausbildung eines Deflationspflasters (MECKELEIN, 1959), aerodynamisch geformter Gesteinsausbisse und limnischer Sedimente, windkorradierter Oberflächen von Gesteinen und Alluvialdecken und Deflationswannen im anstehenden Gestein ($m^2$-Dimension) und in limnischen Sedimenten ($10^2\ m^2$-Dimension) sowie durch Barchane und Barchangebirge (Ghourds) nachgewiesen.

Mit dem Einsetzen der hochariden Klimaphase war eine Änderung der Formung verbunden, indem ein fluvial-akkumulativer und fluvial-erosiver und limnischer Formenschatz durch ein Prozeßgefüge umgewandelt wird, welches durch äolische Akkumulations-, Deflations- und Korrasionsformen gekennzeichnet ist und dessen Steuerung in sehr geringem Maße durch flächenhafte Verschwemmung (vgl. „mikrofluviale Formung", MECKELEIN, 1959) erfolgt.

Der Vergleich der Befunde aus den Nachbargebieten soll einer speziellen Arbeit vorbehalten bleiben. Es zeichnet sich ab, daß feuchte Klimaphasen auf der Nordseite des Tibestigebirges ± synchron mit den Spiegelständen des fossilen Tschadsees (um 10 000 B. P.; 7000 B. P.; 5000 B. P., GROVE und PULLAN, 1961, S. und M. SERVANT, 1970, SCHNEIDER, 1969, ERGENZINGER, 1968, und weitere Bearbeiter) und den Seen im Ténéré zwischen 12 000 und 7500 B. P. und 5500 und 3000 B. P. (FAURE, 1969) verliefen.

## Summary

In the Serir Tibesti three alluvial sheets were established with varying ages.
1. The „oldest" accumulation — an alluvial sheet, mainly of pebbles, weathered red after accumulation, max. three metres thick. Partly preserved in the highest field areas in the centre of the Serir Tibesti and its west and east sides. The red-weathering consists of a red earth-formation, which is incompatible with present-day climatic conditions. It requires a higher level of rainfall, with an annual lower limit of 200 mm.
2. An „older" alluvial sheet with a thickness in places of 10 m, of gravel, pebbles and sand from very varied rocks originating in the Tibesti Mountains and the Djebel Eghei. They were deposited in channels with periodic to episodic water flow. The alluvia, connected with fossil fluvial forms (sand-pebble bars as well as banks of the same material), could be traced through the Serir Tibesti region into the Serir Calanscio. In the Wadi Behar Belama area, the Serir Calanscio was crossed in a NE direction. This makes probable the junction with the fossil river courses below the Erg of Giarabub (DICESARE et al., 1963) and the drainage into the Kattara basin above the Giarabub isobath. Connected with this more humid phase is the formation of a freshwater lake below 23° 30' (Djebel Nero) in the Serir Tibesti region. In an approx. 15 × 20 km large lake-basin a series of lacustrine chalk and marl was deposited. We may assume that accumulation of lacustrine chalk ended after 7500 B. P.
On the strength of general considerations and parallels with wetter phases in the Tibesti mountains, the filling of the alluvial sheet can be presumed to have started about 15 000 B. P.
3. In the south of the Serir Tibesti a further alluvial sheet settled on top of the „older" one, of finer material and extending over only a small area because of the

lack of a weathering layer. It spread out in the period between 5000 B. P. and about 2000 B. P. In the same period lacustrine chalk was deposited on the edge of the Dor el Beada (25° N). In the late phase of this wetter period the lake basin at the Djebel Nero became the accumulatign-place for fluvial deposits of fine sand.

In the stillwater tributaries of an anastomosing channel-network silt was sedimented, which provided the substratum for the formation of dust soils (fesch-fesch) in the later dry period. This period which is verified by 14-C dating, stretches from the Late Pleistocene to the Holocene period. The „oldest" red weathered accumulation is to be situated in the period before this. Its age lies between the Post-Upper-Eocene and the deposition of the „older" alluvial sheet. The sedimentation of the „older" sheet was preceeded, however, by a phase of erosion in which the Eocene, possibly linked to the valley systems, was cleared away. The phases of accumulation and erosion which led to the formation of high-lying terraces in the Tibesti mountains (HAGEDORN and JÄKEL, 1969 in summary) and the west Eghei must also have contributed to the following sedimentation in the pre-alluvial relief. It was not possible to established the extent to which these terraces correspond to the „older" alluvial sheet. It may be presumed that considerable parts of those alluvia proved to exist in the Serir Calanscio outside the Wadi Behar Belama correspond to these phases. The same applies to the gravel on the rock outcrops in the south Serir Tibesti (Fig. 6).

As with these conjectures, all the statements about the climatic conditions of the ice age and earlier periods in the research area are hypotheses. It still stands, however, for the post-Würm, that the recent extrem arid conditions — and thus the existence of a desert area for a long period in the Central Sahara — were at times not present.

The morphological findings, which induced higher rainfall, are supported by evidence of the existence of large mammals of the savanna. On the southern boundary of the Serir Tibesti remains of elephant and giraffe skeletons were found below 22° 40', and those of elephants in the Serir Calanscio in the Wadi Behar Belama (27° 25' N, 21° 10' E). The 14-C dating of the bones found directly on the southern edge of the Serir Tibesti proved aradiometric age of approximately 6400 B. P. and 7000 B. P. (GABRIEL, 1971). In view of the elephant's daily greens requirement of 130-160 kg (BOURLIERE, 1963), we must reckon with a relatively dense vegetation gallery. The dry limit for elephant distribution is 100 mm precipitation according to MAUNY (1956), on the other hand the elephant is only found today in areas with several hundred mm precipitation, whereby favourable microgeological conditions play an important part (see BUTZER, 1964).

Bovine bones were found north of the recent playa of the Enneri Yebigué and on the W-side of the Djebel Eghei, the latter with a 14-C dating of approx. 5000 B. P.

The diatomaceous flora of the lake at the side of Djebel Nero (23° 30' N) in the Serir Tibesti prove that this must have been a flat freshwater lake. With a present potential evaporation of 6 m (DUBIEF, 1963) this means that a wetter climate prevailed. This cannot be explained simply by a sinking in temperature — in view of the latitude and altitude (500 m above sea level) of the lake, a higher level of rainfall must have been involved. The flow of water from the Tibesti mountains which must be taken into account in the economy of the lake would cause higher rainfall than today in the uplands, which to a reduced degree must also have affected neighbouring low-lying areas. This conclusion is supported by numerous finds of freshwater gastropods in the research area.

Pollen analyses taken from lake sediment in the Dor el Beada and the Wadi Behar Belama show a shifting of the present-day Mediterranean areal boundary from the coastal area of at least 300 km southwards, disregarding the possibility of a spreading of the relict flora from the higher regions and mountains.

The existence of acacias in the centre of the Serir Tibesti indicates reduced dryness as opposed to today in the period around 1700 B. P. (14-C dating of wood from trunk up to 35 cm thick). About 1400 B. P. tamarisks grew up on the lake sediment by the Djebel Nero.

Numerous neolithic artefact finds linked to „stone sites", which are distributed from the N-edge of the Tibesti mountains reight into the Serir Calanscio, prove that nomadic tribes (horde) used the area for meeting and hunting (14-C dating approx. 5000 B. P.). A probably older „settlement phase", the evidence for which is limited to the highest field areas in the Serir Tibesti region, could have been obliterated in the remaining area by a later morphological formation. In spite of these special difficulties, these finds, often combined with ostrich egg-shells (according to KNETSCH, 1950, the ostrich is found in areas with approx. 200 mm rainfall), point to conditions less hostile to life than those today. It must be strongly emphasised that the distribution of these stone sites are widely spread and there are no signs of their dependence on transit routes.

The Serir Tibesti is at present one of the world's dryest regions, with an annual rainfall of about 5 mm and a potential evaporation of approx. 6 m (DUBIEF, 1963).

Calm days are rare; frequent sandstorms occur, linked to warm air fronts from the SW or the NE trade-wind.

The effects of wind in the research area can be indicated by the formation of a desert pavement (MECKELEIN, 1959), aerodynamically formed rock outcrops and limnetic sediments, wind-corraded surfaces of rocks and alluvial sheets and deflation basins in the bed-rock ($m^2$-dimension) and in limnetic sediments ($10^2$ $m^2$-dimension) and also by barchans and barchan mountains (ghourds).

Connected to the extrem arid climatic phase was a change in form — fluvial-accumulative and fluvial-erosive and limnetic forms were transformed in a structural process marked by aeolian accumulation-,

deflation- and corrasion-forms, and regulated to a minimal extent by sheet-floods (cf. „microfluvial form", MECKELEIN, 1959).
The comparison of the results from the research area with those of the surrounding area of the Sahara has been reserved for a special study. It can already be stated, however, that humid climatic phases on the N-side of the Tibesti mountains developed ± synchronous with the water level of the fossil Lake Chad (about 10 000 B. P.; 7000 B. P.; 5000 B.P., GROVE and PULLAN, 1961, S. and M. SERVANT, 1970, SCHNEIDER, 1969, ERGENZINGER, 1968, and others) and the lakes in the Ténéré between 12 000 and 7500 B. P. and 5500 and 3000 B. P. (FAURE, 1969).

# Résumé

Dans la région du Serir Tibesti, on a constaté l'existence de trois nappes alluviales d'âge différent.

1. Il y a d'abord une couche surtout graveleuse d'une épaisseur de 3 mètres au maximum qui est décomposée en matière rouge. Il s'agit de l'accumulation «la plus ancienne». Il en subsiste des restes sur les sommets les plus élévés au centre du Serir Tibesti et sur les flancs ouest et est. En ce qui concerne la décomposition rouge, il s'agit d'une formation de terre rouge qui n'est point compatible avec le climat d'aujourd'hui. Elle exige des précipitations plus élévées dont la limite inférieure est de 200 mm par an.

2. Une nappe alluviale «ancienne» présente par endroit une épaisseur supérieure à 10 mètres. Elle est constituée d'empierrements, de graviers et de sables des minéraux les plus variés dont la région d'origine se trouve au Tibesti et au Djebel Eghei. Son accumulation a eu lieu par des ruisseaux dont l'écoulement était périodique ou même épisodique. On a pu poursuivre ces alluvions qui vont de paire avec des formes fluviatiles fossiles (des bancs de graviers et de sables ainsi que des digues naturelles de matière semblable) du Serir Tibesti jusqu'au Serir Calanscio. Dans la région du Wadi Behar Belama, le Serir Calanscio fut traversé obliquement en direction du N. E. Il est vraisemblable qu'il y existe une continuation des ruisseaux fossiles sous l'Erg de Giarabub (DICESARE et al., 1963) et que le drainage se soit effectué au niveau de la dépression de Kattara par la ligne la plus basse de Giarabub. Il y a une relation entre cette phase climatique plus humide et le développement d'un lac d'eau douce au 23° 30' N (Djebel Nero) dans la région du Serir Tibesti. Dans le bassin du lac d'une superficie d'environ 15×20 km, des couches de calcaires lacustres et de marnes argileuses ont été sédimentées. La fin de la sédimentation des calcaires lacustres a dû avoir lieu après 7500 B. P.

A la suite de réflexions générales et de parallèles trouvées entre des phases plus humides au Tibesti, on suppose que l'accumulation de la nappe alluviale a commencé environ 15 000 B. P.

Au sud du Serir Tibesti, une autre nappe alluviale a recouvert la nappe «ancienne». Celle-ci n'a pas de sol; son étendue est inférieure à celle des autres nappes et elle est composée de matériaux plus fins. Sa formation s'est déroulée entre 5000 B. P. et 2000 B. P. à peu près. A la même époque, des calcaires lacustres ont été sédimentés au bord du Dor el Beada (25° N). Dans le bassin du lac au Djebel Nero, on retrouve des sédiments fluviatiles, d'un sable très fin, qui datent de la fin de cette période plus humide. Dans les bras d'eau stagnante d'un réseau fluviatile anastomosé, de la boue s'était accumulée qui, plus tard, pendant le période sèche, a été à l'origine des sols à poussière (Fesch-Fesch).

A partir de la dernière période du pleistocène jusqu'à notre ère, on a entrepris des recherches à l'aide de la méthode 14-C. L'accumulation «la plus ancienne» décomposée en matière rouge correspond à une période précédente dont l'âge est à fixer entre la fin du milieu de l'éocène et l'accumulation de la nappe alluviale «ancienne». Une phase d'érosion — peut-être sous forme d'un système fluviatile ' a déblayé les couches d'éocène avant que l'accumulation de la nappe «ancienne» ait eu lieu. La formation des terrasses supérieures du Tibesti (résumé par HAGEDORN et JÄKEL en 1969) et de la partie ouest d'Eghei a eu lieu simultanément aux phases d'accumulation et d'érosion. Celles-ci devraient aussi prendre part à la sédimentation sur le relief pré-alluvial. On n'est pas arrivé à prouver que ces terrasses correspondent à la nappe alluviale «ancienne». On suppose que de grandes parties des alluvions qu'on trouve au Serir Calanscio en dehors du Wadi Behar Belama sont conformes à ces phases. C'est aussi valable pour les empierrement sur les affleurements rocheux du Serir Tibesti méridional (Fig. 6).

Les suppositions faites sur cette région sont — comme toutes les indications sur le climat du pléniglacial et des époques précédentes — hypothétiques.

Pour la période «postwurmienne», on peut en tout cas constater que l'état actuel d'une ardidité extrême — qui produit une région centrale désertique — n'a pas toujours existé.

Des indices morphologiques qui renvoient à des précipitations plus élevées sont confirmés par des fossiles de mammifères vivant dans la savanne. A la limite méridionale du Serir Tibesti, au 24° 40' N, on a trouvé des restes de squelettes d'éléphants et de giraffes. Au Serir Calanscio au Wadi Behar Belama (27° 25' N, 2° 10' E), il y avait des ossements d'éléphants. Les résultats de la datation 14-C des os trouvés exactement au bord du Serir Tibesti ont montré un âge radiométrique d'environ 6400 B. P. et 7000 B. P. (GABRIEL, 1971). Comme des éléphants ont besoin d'un fourrage vert de 130 kg à 160 kg par jour (BOURLIERE, 1963) on peut supposer qu'il existait des galeries de végétation rela-

tivement dense. L'éléphant peut vivre, d'après MAUNY, 1956, dans des régions avec 100 mm de précipitations par an, mais, aujourd'hui, on ne le trouve que dans un climat avec quelques centaines de mm de précipitations, d'autant plus que des conditions micro-écologiques jouent un rôle important (selon BUTZER, 1964).
Dans les zones d'inondations terminales de l'Enneri Yebigué et sur le côté ouest du Djebel Eghei, on a trouvé des ossements de bovidés dont on a mesuré l'âge à 5000 B. P. grâce à la méthode 14-C. Les sédiments au Djebel Nero contenant des diatomées, prouvent l'existence d'un lac d'eau douce peu profond. Si on présume une évaporation potentielle de 6 m par an à l'époque actuelle pour son développement, un climat plus humide a été nécessaire.
Un abaissement de la température n'est pas la seule raison pour cette humidité mais aussi une augmentation des précipitations annuelles à une heuteur de 500 m au dessus du niveau zéro.
Par conséquent, si on considère l'influence des cours d'eau des vallées secondaires venant du Tibesti une augmentation des précipitations de la montagne a été nécessaire, une augmentation qui, d'une manière plus faible, devait aussi s'étendre sur les plaines limitrophes. On peut déduire tout cela de réflexions générales et d'une comparaison avec le système fluviatile actuel. Des fossiles nombreux de gastéropodes d'eau douce affirment cette conclusion.
L'analyse pollinique des échantillons tirées d'un sédiment au Dor el Beada et dans le Wadi Behar Belama prouve un décalage du climat méditreeannéen actuel de 300 km de la côte vers le sud; on ne considère pas la possibilité qu'une végétation plus ancienne se soit répandue de la montagne.
L'existence d'acacias au Serir Tibesti datant de 1700 B. P. (datation 14-C d'un morceau de bois en grume de 35 cm d'épaisseur) est une autre preuve pour une période de plus grande humidité qu'aujourd'hui. Vers 1400 B. P., des tamaris poussaient sur les sédiments du lac auD jebel Nero.
Des objets nombreux néolithiques toujours trouvés sur des «places pierreuses» qui existent entre le bord septentrional du Tibesti jusqu'au Serir Calanscio, prouvent que toute la région était habitée par des groupes d'hommes qui vivaient de chasse et de cueillette. Une datation indirecte de ces objets néolithiques à l'aide d'ossements de mammifères a indiqué un âge radiométrique d'environ 5000 B. P. Une période d'habitation vraisemblablement plus ancienne dont les restes sont concentrés dans les parties les plus élévées du Serir Tibesti a pu être détruite ailleurs par une couche morphologique plus jeune. Si on fait abstraction de ces problèmes spéciaux, ces objets qui vont souvent de paire avec des coquilles d'œufs d'autruche (l'autruche vit, selon KNETZSCH, 1950, dans des régions d'une précipitation annuelle de 200 mm) indiquent des conditions moins hostiles à la vie que les conditions actuelles. Il faut souligner que la répartition des «places pierreuses» ne permet aucune conclusion sur l'existence de chemins de passage.

A l'époque actuelle, le Serir Tibesti est une des régions des plus sèches du monde. Les précipitations annuelles se totalisent à 5 mm tandis que l'évaporation potentielle est de 6 m (DUBIEF, 1963).

Des jours calmes sont rares; des irruptions d'air chaud de sud-ouest ou des tempêtes de sable liées aux alizés NE sont fréquentes. Dans la région des recherches, l'effet éolien se montre par le développement d'un «pavé de déflation» (résidu de déflation) (MECKELEIN, 1959), par des affleurements rocheux et des sédiments lacustres façonnés d'une manière aérodynamique, par des surfaces de roches et des nappes alluviales qui ont subi une corrasion éolienne, par des creux de déflation dans les roches en place (dimension en m$^2$) et dans les sédiments lacustres (dimension en 10$^2$ m$^2$), ainsi que par des barkhanes et des «montagnes de barkhanes» (Ghourds).

Un changement du façonnage correspond au début de la période extrêmement aride. Des formes résultant des procès fluvio-accumulatifs, fluvio-érosifs et lacustres ont été transformées par des processus éoliens d'accumulation, de déflation et de corrasion. A cela s'ajoute une influence insignifiante de l'écoulement en nappe (cf. «façonnage micro-fluviatile», MECKELEIN, 1959).

Une comparaison avec les résultats obtenus dans des régions voisines est réservée à un compte-rendu spécial. On peut déjà préciser que les périodes humides du flanc nord du Tibesti sont ± synchroniques aux niveaux variants du lac Tchad fossile (vers 10 000 B. P.; 7000 B. P.; 5000 B. P., GROVE et PULLAN, 1961, S. und M. SERVANT, 1970, SCHNEIDER, 1969, ERGENZINGER, 1968 et autres) et aux lacs au Ténéré entre 12 000 et 7500 B. P. et 5500 et 3000 B. P. (FAURE, 1969).

-١-   1

التلخيص

في منطقة سرير تبستي " Serir Tibesti " تم اكتشاف ثلاث طبقات متجمدة من الأزمنة وثلاثة العمر، أدت إلى هذه الطبقة بواسطة جريان الماء وهذه الطبقات هي :

① الطبقة العليا وهي أحدثها عمراً، وجد أن شكل حياة معين سهلي أكسبت هذه الأرضية لوناً داكناً للاصفرار بسبب معادل البيريت، وهذه الطبقة تحتوي على أعلى ارتفاع من بعض المناطق إلى ثلاثة أمتار وهذه مساعدة في تشكل بقايا من الأودية المرتفعة من وسط وشمال وشرق منطقة سرير تبستي " Serir Tibesti ". واللون الأحمر الذي اكتسبته الأرض من جراء معادل البيريت يسمح مستبيراً عن لمحة من الخيال، لأن هذا القلب يحتاج إلى أمطار تبلغ من الزخاطة (٣٠٠ ملمتر) ما استطاعت هطوله إلى دلك التعبير، وهذا يعني أن بإعطاء تلك المنطقة في دلك الزمان كانت غزيرة للغاية .

② الريح الثالث يتواجد من أماكن أخرى مختلفة من شكل كتل كبيرة لعلوها حدي حتى (عشرة أمتار). وطبقات هذه الأرض من الرمل والرمل

-٢-   2

-د حتى ودقيق مخلوط غربي الجمعة . للإمكان من جزيرة شمسة وجبل اغاي " Djebel Eghei u. Tibestigebirge " ودلك الطبقات رأيها واضحة من الجوانب الشاطئة المنخفضة والغربي مبتكرة من تلال الدقائق من هذه الطبقات التي تحتوي للاصفة تيار الماء، وحينئذ أسكنا ملتحقة تتجوى من الاشكال الحرئمة نزوح من الرمل والرياح الرقيقة "، وهذا الريح من أهمية موجود في منطقة سرير تبستي حتى سرير الالسكو " Serir Tibesti bis Serir Calanseio " هذا هل بلايا تحت منطقة سرير الالسكو من شمال الصحرى وهناك يحمل الماء عدداً عبائا مع ( لنتريب، وتشرن دجنه) من جبل برز من منطقة سرير تستى .

③ الريح الثالث من جنوب سرير تبستي حين تزمح لمحة دون الطبقة القديمة (الريح الأول) وصالية من اللون الأحمر الذي سببته معامل البيريت هذه الأرض ، في منطقة منخفضة وهي من تربة ناعمة ، وقد تعت تكوينه هذه الطبقة من الفترة ما بين حوالي (٥٠٠٠ ق.م) و (٢٠٠٠ ق.م)
5000 B.P. und etwa 2000 B.P.

-٣-   3

وفي تلك الوقت تكونت الطبقة من الجير جول (روك البعادا ٣٥ ش) (Dor el Beada ٢٥°N) من جهات الماء من جبل نيرو ( Djebel Nero ) تكونت لطبقات من أول الناعم بواسطة تيار الماء، وهذه الطبقة تكونت من المنطقة التي كانت بها مياه بركية بواسطة دراسة الجفاف تترك دلك إلى الطبقة ترابية صغرى (فشي فشي) "Fesch Fesch" في حلول الفترة التاريخية (٤١ ق.م) "14-CD" استمرت حلول البذرة ما بين الفترة الثانية وما قبلها، أي قبل العصر الجليدي إلى تلك الطبقة رأت ليت مائي من الاحمرار ولك بسبب معامل البيريت، ويرجع هذه الطبقة ما بين الفترة التاريخية القديمة قبل الفترة الجليدية والطبقة القريبة بعد ديوان الجلير
(Between Post-Oberevzän and the older Alluvialdecke) وتكوين هذه الطبقة المغاربة من الرمل نتيجة لترسب الأرض بواسطة المياه ديالخ، ودلك مراسطة تكونت سلسلة الرمال من الطبقة التاريخية الثانية (ايوزان) "Eozän" وفي العزة الذي تمت تكوين الطبقة الأخيرة من الطبقة الحديثة، وتنتمي لترسب أرضي بواسطة

-٤-   4

الرياح والمياه، تفذي معالم هذه الأرض مما أدى إلى تكوين مرتفعات ومرتفعات حيال تستشف العالية غربي منطقة اغاي " Eghei " وقد جمعت هذه المعلومات مراسطة (Hagedorn u. Täkel, 1969) ونشاب هذه الأجزاء الشمالية من منطقة سرير الالسكو " Serir Calanseio " ناتج منطقة جبل بلاما ( Wadi Behar Belama ) ياذ نتسب هذه المنطقة إلى الطبقة الحديثة، كما هو نفس الحال بالنسبة إلى الحواية الجزيئية حبت منطقة سرير تبستي . " Serir Tibesti ". وفي كل هذه المقابر والحفريات من هذه المنطقة من العصر الجليدي بديث، تمت البحث والدراسة واستقصاء القبائل. أما بالنسبة للطبقة (دوشتغرم) " Postwürm " نادر هذه المعلومات ثابتة وحقيقية كما أن الحياة الباذة هنا لم تذكر ،كما لم يذكر علم ودور لطبقة من تراب الصحراء .

ونسبة لوجود عدداً كبير من الجير هناك ، نقدر دلك على ما نزولاً أمطار غزيرة هناك ، كما عرفت أن هذه المنطقة كانت غنية بالأعشاب

56

— ٥ —

التي كانت تتغذى بها الحيوانات العشبية التي وجدت بكثرة. وفي جنوب حديد منطقة سرير تيبستي والدوبير وعلى بعد ٢٢ درجة و ٢٠ دقيقة ( ٢٢° ٤٠' ) شمالاً وجدت بقايا أفيال وزرافات، كما وجدت أيضاً بقايا الأفيال في منطقة سرير كالانسكو "Serir Calanscio" القريبة من وادي بهر بلاما ( Wadi Behar Belama ) ٢٧° ٢٥' شمالاً و ٢١° ١٠' شرقاً ← ( 27° 25' N - 21° 10' E ) .

وفي جهة تاريخ الخفاف ( 14 C-Datierung ) التي وجدت بالترب من منطقة سرير تيبستي في فترة يرجع تاريخها الى حوالي ٦٤٠٠ ق.م. وحتى ٧٠٠٠ ق.م. ( GABRIEL, 1971 )، وجد أم الفيل كان يأكل ما بين ١٥٠ و ١٦٠ كيلوجرام من حشائش الخضراء يومياً كما جاء في ( BOURLIERE, 1963 ) وعليه فقد ثبت أنه في هناك كمية كبيرة جداً من الأعشاب ابتداءً من حدود منطقة الجفائي الى حيث منطقة تجوال الأفيال الى منطقة مالي ( MAUNY 1956 ) حيث كان نزول الأمطار ما يعادل ٥٠ ملم ( مائة ملميتر )-سنوياً ( 100 mm. ) .

— ٧ —

ساعدت البحيرات التي وجدت في هذه المنطقة، علماء الآثار على إثبات هذه الحقائق.

وفي تحليل وتعيين لبقايا البحيرة من تراب ورمال وحصى، ترسبت بمساعدة الرياح والمياه والجليد عند منطقة دور البعادا ووادي بهر بلجا ( Dor el Beada u. Wadi Behar Belama ) نرى هناك محتويات مختلفة لمنطقة البحر الأبيض المتوسط من الحيوانات والنباتات الى مانة سبكا ربمزانا كيلومترا جنوباً حيث تنعرف الجاولة شبيهة لامتداد هذه الجبال المنبسطة.

وقد وجد أشجار الأكاسيا ( Akazien ) في منتصف منطقة سرير تيبستي يتراوح أمر الجذعات فيها أقل من الوقت الحاضر (١٧٠٠ ق.م.) (14C-Datierung eines 35 cm dicken Stamholzes)

وفي حوالي ١٤٠٠ ق.م ترسبت في البحيرة رمال وحصى عند جبل نيرو ( Djebel Nero ) ووجد شجرة تاماسكن ( Tamarisken ) كما وجدت بجوارها من الجبال الحديدة ( Artefakten ) من شمال حديد

— ٦ —

ومن الناحية الأخرى فإن لأمثال تاخت الى النالم الى تركيل في أوقات أكثر من مائة ملميتر (١٠٠م سنوياً) لأن في هذه النالم تكون غبية بالسطح للأعشاب ( BUTZER, 1964 ) .

وفي شمال حدود منطقة إنيري بيجه ( Enneri Yebigué ) وفي جبل إغكي ( Djebel Egkei ) وجد بقايا لبعض الماشية ( Boviden ) وبه من طريقة ( 14 C-Datierung ) أي حوالي ٥٠٠٠ ق.م. ( 5000 B.P. ) .

وفي وجود الزهر لبليج عند جبل نيرو ( Djebel Nero ) في منطقة سرير تيبستي، وجد بحيرة مياه عذبة، وكانت المياه تنبع منها ٦ أشهر ( DUBIEF, 1963 ) ما يعني أن في هذه المنطقة، ليلية رطبة مثل في جو انخفاض درجات الحرارة، كما أنها ترتفع فوق سطح البحر بـ ٥٠٠ متر ( 500 m. u. M. ) وترتبط بها أمطار غزيرة.

وتحرك أرض صخرية جسمة لبحيرة مما ساعد على امتداد الحياة والنشاط من هذه البحيرة. وكثافة المياه في هذه البحيرة تعبير عن المعروف نزول أمطار غزيرة وخاصة في النالم المطلة حول هذه البحيرة. وقد

— ٨ —

جبال (سرير كالانسكو) " Serir Calanscio " التي عاشت فيها صيادون ومراعيون، والاحتمال كبير لوجود جريدة عاشت في مرتفعات هذه الجبال التي لم تثبت على حالتها الأولى. فقد تغيرت هيئتها، ورغم هذه الصعوبات، وجدت الآثار مع بقايا بعض النعام (والنعام يتهاجر من النالم التي يكون فيها المطر غزيراً ( ٢٠٠م ) " كما جاء به " KNETSCH, 1950 " . وقد كانت الحياة صيدية وزراعية على اكتشف ما كانت عليه أولاً، وعلى حسب التحاليل فإنه في هذه المنطقة فلحقت استخراج - دراسة منطقة تجوال.

ومنطقة سرير تيبستي " Serir Tibesti " من الوقت الحاضر من أقل الأمطار في العالم أمطاراً، إذ يتراوح بها حوالي ٥م سنوياً ( 5 mm ) وينابيع المياه بذلك ٦ أشهر ( DUBIEF, 1963 ) .

والأمطار التي لا تأتي فيها الرياح نادرة جداً، ورياح رطبة من جهة الجنوب الغربي والشمال لشرقي ومجدية نزائم رطبة.

في المنطقة التي تم فيها التنقيب، قام تأثير رياح شديداً كما جاء في ( MECKELEIN, 1959 )

وقد أن تكون الجابة على حسب هدى الرياح ، وتكون الجابة نن
شاكمه بهاء الوزيئة على حسب تأثير الرياح فوق سطح الماء . أما
ني ليه الارض حديثة التكوين ، نمد ثم تكوين الجابة يختلف عن تكوين
الجابة ال مجارية المنقطة ويتراوح مابين م 10 ( Dimension H 10² ) كما هو
الحال ني منطقة ( Barchane ) وسلاسل جبالها ( Barchangebirge ) .

لقد أثر تغيير المنقخ مع الحال الذي كان عليه أولاً الى لفت
الريح لهجارك ، الى تغيير المنطقة بواسطة المياه الغريزة الباردة
كما عملت على إنزالة بالناهم التي سبرت فيها .

وبعدها تغيرت هذه الأرض بعد حقبة زمنية ، بواسطة تكوين
تلال منيفة وتغير وجه هذه التلال بواسطة العوامل الطبيعية
وأيضاً بواسطة الرياح لبطيء . وهذا التأثير قام من نظام منين
رايج ني كل المنطقة خانياً مع

(vgl. „mikrofluviale Formung", MECKELEIN, 1959)
ومما يلى ملاحظة ورأي المنقبين ني الناحم المجاورة فإذ

أنهم قالوا أن هذه الناخم سوف يخفظ بعد التنقيب فيها نازلاً
المنطقة الرملية شمال جبال تبستى ( Tibesti ) مع نفس سطح
المياه ني منطقة بحر تشاد ( Tschadsees ) . ني النثرة
مابين 1....سنة الى ٧....سنة ، والى ٥....سنة . ( قاره مع )
ثم ( GROVE u. PULLAN, 1961 )
( S. und M. SERVANT, 1970, SCHNEIDER, 1969, ERGENZINGER, 1968
والمناخيم الجيد الذي انتقل من بعضهم ، والجفاف ني ترتينا Ténéré
مابين ١٢....سنة الى ٧....سنة ، ٤....سنة ( FAURE, 1969 ).

ماذ Oasis

---

Abkürzungsverzeichnis:

| | | |
|---|---|---|
| Bull. Com. Afr. Fr. | = | Bulletin du Comité de l'Afrique Francaise, Paris |
| C. R. | = | Compte (s) Rendu (s) |
| Geogr. | = | Geographisch etc. |
| Mh | = | Monatshefte |
| NF | = | Neue Folge |
| ORSTOM | = | Organisation de Recherches Scientifiques et Techniques d'Outre-Mer |
| P. M. | = | Petermanns (Geographische) Mitteilungen |
| T. I. R. S. | = | Travaux d'l'Institut de Recherches Sahariennes, Algier |
| Verh. | = | Verhandlung(en) |
| Z | = | Zeitschrift |
| ZfG | = | Zeitschrift für Geomorphologie |

*Karten* (zugleich Ergänzung der Legende von Fig. I)
Carta dimostrativa della Libia Maßst. 1 : 400 000
    Foglio 37, 38
Carte de l'Afrique 1 : 1 Mill. NF 33, NF 34, NG 34, Inst. Géogr. Nat. Paris
World Aeronautical Chart 1 : 1 Mill. (542) Tazerbo Oasis
Topographic map of the Kingdom of Libya 1 : 2 Mill.
    US Geol. Surv. 1962
Fond topographic (Type région désertique) 1 : 200 000
    NF 33 XVII Inst. Géogr. Nat. Paris, Annexe Brazzaville
USAF Map of Libya 1 : 1 Mill.
Geologic Map of the Kingdom of Libya 1 : 2 Mill. USGS, Misc. Geol. Invest. Map 1-350 A, Washington 1964
International Map of the World 1 : 2 Mill. S. 2201, S. 9, E. 5-GSGS. 1969, Dakkla Oasis
Carta geologica/401/Geo 88/5 unveröffentlicht 1 : 100 000
    1965, R. Loss
Carte géologique provisoire du Borkou-Ennedi-Tibesti par P. WACRENIER avec la collaboration de H. HUDELEY, P. VINCENT 1 : 1 Mill.
Direction de Mines et de la Géologie de l' A. E. F., Brazzaville 1958.

# Literatur

ADAM, K. D. (1950): Über Windtransport von Kies in Wüstengebieten. I. Beobachtungen in Nordost-Afrika. — Mh. N. Jhrb. f. Geologie u. Paläontologie

ARAMBOURG, C. (1952): La paléontologie des vertèbrés en Afrique du Nord Française. — XIX, Congr. Géol. Int. Mon. Rég., Alger

ARKELL, A. J. (1952): The relations of the Nile Valley with the Southern Sahara in Neolithic times. — II Congrès Panafricain de Préhistoire, Alger, Sept.-Oct. (Paris 1955)

AUBERT, G. (1960): Cours de pédologie. — ORSTOM, Paris

AUBERT, G. (1962): Arid zone soils. In: The problems of the arid zone. — UNESCO

BAGNOLD, R. A. (1941): The physics of blown sand and desert dunes. — London

BAKKER, J. P. (1966): Paläogeographische Betrachtungen auf Grund von fossilen Verwitterungserscheinungen und Sedimenten in Wüsten und Steppen im Bereich des Mittelmeergebietes. — Nova Acta Leopoldina, N. F., Nr. 176, Bd. 31

BALOUT, L. (1952): Pluviaux interglaciaires et préhistoire saharienne. — T.I.R.S. T. VIII

BANSE, E. (1914): Der gegenwärtige Stand der Erforschung der Libyschen Wüste und Tibesti. — P. M. 60

BEADNELL, H. J. (1910): The sand-dunes of the Libyan desert. Their origin, form and rate of movement, considered in relation to the geological and metorological conditions of the region. — Geogr. Journ., V. 35, London

BENDER, F. (1968): Geologie von Jordanien. — Berlin, Stuttgart.

BELLAIR, P. (1947): Sur l'âge des affleurements calcaires de Mourzouk, de Zouila et d'El Gatroûn. — T.I.R.S., T. IV

BLUME, H. P. (1963): Die Deutung der Tiefenfunktion des Tonmineralbestandes von Böden. — Beitr. Min. Petr. 9, 13

BOBEK, H. (1969): Zur Kenntnis der südlichen Lut. — Mitt. d. Österreichischen Geogr. Ges. Bd. 111, Wien

BOURLIERE, F. (1963): Observations on the Ecology of some Large African Mammals. — Viking Fund, Publ. Anthropol. 36

BREMER, H. (1959): Flußerosion an der oberen Weser. — Göttinger Geogr. Abh. H. 22

BREMER, H. (1965): Der Einfluß von Vorzeitformen auf die rezente Formung in einem Trockengebiet in Zentralaustralien. — Tagungsber. u. wiss. Abh. dt. Geographentag Heidelberg 1963, Wiesbaden

BREMER, H. (1967): Zur Morphologie von Zentralaustralien. — Heidelberger Geogr. Abh., H. 17

BÜDEL, J. (1952): Bericht über klimamorphologische und Eiszeitforschungen in Nieder-Afrika. — Erdk. H. 6

BÜDEL, J. (1954): Sinai, die Wüste der Gesetzesbildung. — Abh. Akad. Raumforsch. 28 (Festschrift H. MORTENSEN)

BURTHE, d'ANNELET, de (1930): La mission lieutenant-colonel Burthe d'Annelet en Afrique centrale. — Bull. Com. Afr. Fr.

BUTZER, K. W. (1957): Mediterranean Pluvials and the General Circulation of the Pleistocene. — Geogr. Annaler V. 39

BUTZER, K. W. (1958): Quaternary Stratigraphy and Climate in the Near East. — Bonner Geogr. Abh. H. 24

BUTZER, K. W. (1957): The recent climatic fluctuation in lower latitude and the general circulation of the Pleistocene. — Geogr. Annal. V. 39

BUTZER, K. W. (1964): Environment and Archaeology. An introduction to Pleistocene geography. — London

CAILLEUX, A. (1936): Les actions éoliennes périglaciaires quaternaires en Europe. — Comptes Rend. Som. et Bull. de la soc. Géolog. France, Set. 5

CAPOT-REY, R. (1947): L'Edeyen de Mourzouk.— T. I. R. S., T. IV

CAPOT-REY, R. (1953): Le Sahara français. — Press. Universit. de France, Paris

CAPOT-REY, R. (1960): Comptes Rendus: Forschungen i. d. zentralen Sahara. — T. I. R. S., T. XIX

CAPOT-REY, R. (1961): Borkou et Ouniangua. — Mém. Inst. Rech. Sahar. T. 5

DI CAPORIACCIO, A. (1934): Nel cuore del Deserto libico. — Firenze

DI CESARE, FRANCHIO, A., et SOMMARUGA, C. (1963): The Pliocene-Quaternary of Giarabub Erg region. Revue de l'Institut Française du Pétrole et annales des combustibles liquides. — Vol. XVIII Nr. 10

CONANT, L. C. and GOUDARZI, G. H. (1964): Geologic map of the Kingdom of Libya. 1 : 2 Mill. — US Geol. Surv. Misc. Geol. Inv., Washington

CONRAD, G. (1969): L'évolution continentale post-hercynienne du Sahara-Algérien. — Centre national de la recherche scientifique, Série: Géologie, No. 10, Paris

DALLONI, M. (1934): Mission au Tibesti (1930-31). — Mém. Acad. Sci. Inst. Fr. S. 1, 11-119, Paris

DAMMAN, E. (1967): Zur Meteorologie des Tschadsee-Gebietes. — Ber. Bund. d. Dipl. Gärtner e.V., H. 12

DESIO, A. (1935 und 1939): Missione scientifica della R. Acc. d'Italia a Cufra 1931, Rom

DESIO, A. (1942): Übersicht über die Geologie Libyens. — Geol. Rdsch. H. 33

DESIO, A. (1943): Il Sahara Italiano. Il Tibesti nord-orientale. — R. Soc. Geografica Ital. Rom

DUBIEF, J. (1952): Le vent et le déplacement du sable au Sahara. — T. I. R. S., T. VIII

DUBIEF, J. (1953): Essai sur l'hydrologie superficielle au Sahara in: Gouvernement Général de L'Algérie. — Direction du service de la colonisation et de l'hydraulique, Service des études scientifiques. Alger

DUBIEF, J. (1959 et 1963): Le climat de Sahara. — I. R. S. Mém. Univ. Alger (hors sér.), 2 Bd. Alger

ENGEL, A., BAUTSCH, H. J. (1963): Petrologische Untersuchung des Feldspatbasaltes von Wau en Namus (Sahara) und seiner ultrabasischen Einschlüsse. — Geologie, Jg. 12, Berlin

ERGENZINGER, P.-J. (1969): Rumpfflächen, Terrassen und Seeablagerungen im Süden des Tibesti-Gebirges. — Tagungsber. Wiss. Abh. dtsch. Geographentag Bad Godesberg 1969, Wiesbaden

ERGENZINGER, P.-J. (1968 a): Vorläufiger Bericht über geomorphologische Untersuchungen im Süden des Tibestigebirges. — Z. f. G., NF, Bd. 12

ERGENZINGER, P.-J. (1968 b): Beobachtungen im Gebiet des Trou au Natron/Tibestigebirge. — Die Erde, Jg. 99, 176-183

FAURE, H. (1966): Une importante période humide du quaternaire supérieur au Sahara. — Bull. Ass. Sénégal pour l'étude du Quatern. de l'Ouest Africain, 10-11, 13. Dakar

FAURE, H. (1966): Evolution des grands lacs sahariens à l'Holocène. — Quaternaire 8

FAURE, H. (1969): Lacs quaternaires du Sahara. — Mittlg. Internat. Limnolog H. 17

FROBENIUS, L. (1963): Ekade Ektab. Die Felsbilder des Fezzan. — Graz

FÜCHTBAUER, H. und MÜLLER, G. (1970): Sedimente und Sedimentgesteine, Teil II. — Stuttgart

FÜRST, M. (1965): Hammada-Serir-Erg. — Z. f. G., N.F., Bd. 9

FÜRST, M. (1966): Bau und Entstehung der Serir Tibesti. — Z. f. G., N.F., Bd. 10

FÜRST, M. (1968): Die Paleozän-Eozän-Transgression in Südlibyen. — Geol. Rdsch. Bd. 58

FÜRST, M. (1970): Beobachtungen an quartären Buntsedimenten der zentralen Sahara. — Abh. hess. L-Amt Bodenforsch. Bd. 56

FURON, R. (1964): Le Sahara (Géologie, Ressources, Minerals). — Paris

GABRIEL, A. (1964): Zum Problem des Formenschatzes in extrem-ariden Räumen. — Mitt. Geogr. Ges. Wien, Bd. 106

GABRIEL, B. (1971 a): Zur Situation der Vorgeschichtsforschung im Tibestigebirge. — E. M. van Zinderen Bakker (ed.): „Paleocology of Africa"

GABRIEL, B. (1972 b): Zur Vorzeitfauna des Tibestigebirges. — E. M. van Zinderen Bakker (ed.): „Paleocology of Africa" 6.

GABRIEL, B. (1972 a): Neuere Ergebnisse der Vorgeschichtsforschung in der östlichen Zentralsahara. — Berliner Geogr. Abh., H. 16

GABRIEL, B. (1972 b): Terrassenentwicklung und vorgeschichtliche Umweltbedingungen im Enneri Direnao (Tibesti). — Z. f. G. 1961 (Suppl. Bd. 15: Vorträge des Symposiums „Reliefentwicklung in Trockengebieten")

GAVRILOVIC, D. (1970): Die Überschwemmungen im Wadi Bardagué im Jahre 1968 (Tibesti, Rep. du Tchad). — Z. f. G., N.F., Bd. 14

GEYH, M. A. (1970): Kolloquium zu 14-C-Datierungen der Forschungsstation Bardai der Freien Universität Berlin. — Berlin, am 27. Juni

GEYH, M. A.: Kommentare zu 14-C-Datierungen der Proben Hv ... (die Hv sind aufgeführt in Tabelle 8). — Niedersächsisches Landesamt f. Bodenforschung 14-C- und 3-H-Labor. Hannover

GEZE, B., HUDELEY, H., VINCENT, P. M., et WACRENIER, P. (1958): Morphologie et dynamisme des grands volcans du Tibesti (Sahara du Tchad A.E.F.). — C. R. Acad. Sci. France 245, Paris

GEZE, B., VINCENT, P. M. (1957): Les volcans de Tarso Yega, Tarso Toon de Tarso Voon et de Soborom, dans le Tibesti Central (Sahara du Tchad, A.E.F.). — Ebenda 245, 1938-1940, Paris

GLENNIE, K. W. (1970): Desert sedimentary environments. Developments in sedimentology 14. — Elsevier Publ. Co.

GROVE, A. T. (1960): Geomorphology of the Tibesti region with special references to western Tibesti. — Geogr. Journ. 126

GROVE, A. T., PULLAN, R.A. (1961): Some aspects of the Pleistocene paleogeography of the Chad basin. — Viking Fund Publ. Anthrop. African Ecology and Human Evolution

GROVE, A. T., WARREN, A. (1968): Quaternary landforms and climate on the south side of the Sahara. — Geogr. Journ. Vol. 134

GRUNERT, J. (1970): Erosion und Akkumulation von Wüstengebirgsflüssen — eine Auswertung eigener Feldarbeiten im Tibesti-Gebirge. Hausarbeit imR ahmen der 1. (wiss.) Staatsprüfung für das Amt des Studienrats. Manuskript am II. Geogr. Inst. der FU Berlin

GRUNERT, J. (1972): Die jungpleistozänen und holozänen Flußterrassen des oberen Enneri Yebbigué im zentralen Tibesti-Gebirge (Rép. du Tchad) und ihre klimatische Deutung. — Berliner Geogr. Abh., H. 16

HABERLAND, W. (1970): Vorkommen von Krusten, Wüstenlacken und Verwitterungshäuten sowie einige Kleinformen der Verwitterung entlang eines Profils von Misratah (an der libyschen Küste) nach Kanaya (am Nordrand des Erg de Bilma). — Dipl.-Arbeit am II. Geogr. Institut der FU Berlin

HAGEDORN, H. (1968): Über äolische Abtragung und Formung in der Südost-Sahara. — Ein Beitrag zur Gliederung der Oberflächenformen in der Wüste. — Erdk. H. 22

HAGEDORN, H. (1969): Studien über den Formenschatz der Wüste an Beispielen aus der Südost-Sahara. — Tagungsber. u. wiss. Abh. Deut. Geographentag, Bad Godesberg 1967

HAGEDORN, H., JÄKEL, D. (1969): Bemerkungen zur quartären Entwicklung des Reliefs im Tibesti-Gebirge (Tchad). — Bull. Ass. sénég. Quatern. Ouest afr., no. 23

HAGEDORN, H., PACHUR, H. J. (1969): Observations on Climatic Geomorphology and Quaternary Evolution of Landforms in South-Central Libya. — Symposium on the Geology of Libya. University of Libya 1969

HASSANEIN BEI, A. M. (1923): Through Kufra to Darfur. — Geogr. Journ.

HASSANEIN BEI, A. M. (1926): Rätsel der Wüste. — Leipzig

HECHT, F., FÜRST, M. und KLITZSCH, E. (1963): Zur Geologie von Libyen. — Geol. Rdsch. Bd. 53

HECKENDORF, W. B. (1969): Witterung und Klima im Tibesti-Gebirge. — Unveröff. Staatsexamensarbeit im Geomorph. Lab. der Freien Universität Berlin. Berlin

HERVOUET, M. (1958): Le B.E.T. — Rapport: Chef de la Région B.E.T. Administrateur en chef de la F.O.M., Fort Lamy

HJÜLSTRÖM, F. (1932): Das Transportvermögen der Flüsse und die Bestimmung des Erosionsbetrages. — Geogr. Annal., V. 3

HÖVERMANN, J. (1963): Vorläufiger Bericht über eine Forschungsreise ins Tibesti-Massiv. — Die Erde, 94. Jg.

HÖVERMANN, J. (1967): Die wissenschaftlichen Arbeiten der Station Bardai im ersten Arbeitsjahr (1964/65). — Berliner Geogr. Abh. H. 5

HÖVERMANN, J. (1967): Hangformen und Hangentwicklung zwischen Syrte und Tchad. — L'évolution des versants. Symp. intern. de geom., Liège-Louvain, 8-16 juin. Université de Liège

HORNEMANN, F. (1802): Tagebuch seiner Reise von Cairo nach Murzuk, der Hauptstadt des Königreiches Fezzan in Afrika in den Jahren 1797 und 1798. — Aus der deutschen Handschrift herausgegeben von C. König, Weimar

HUARD, P., LOPATINSKI, O. (1962): Gravures rupestres de Gonoa et de Bardai (Nord Tibesti). — Bull. Soc. Préhist. Francaise T. 59

JAECKEL, S. H. (1969): Mollusken aus dem Tibesti-Gebirge und dem Gebiet des ehemaligen Tchad-Sees. — (Manuskript)

JÄKEL, D. (1967): Vorläufiger Bericht über Untersuchungen fluviatiler Terrassen im Tibesti-Gebirge. — Berliner Geogr. Abh., H. 5

JÄKEL, D. (1971): Erosion und Akkumulation im Enneri Bardagué-Arayé des Tibesti-Gebirges (zentrale Sahara) während des Pleistozäns und Holozäns. — Berliner Geogr. Abh., H. 10

JANNSEN, G. (1969): Einige Beobachtungen zu Transport- und Abflußvorgängen im Enneri Bardagué bei Bardai in den Monaten April, Mai und Juni. — Berliner Geogr. Abh., H. 8

JANNSEN, G. (1970): Morphologische Untersuchungen im nördlichen Tarso Voon (Zentrales Tibesti). — Berliner Geogr. Abh., H. 9

JOLY, F. (1953): Les crues d'octobre 1950 dans le Sud marocain et le Sud oranais. — T. I. R. S., T. IX

JONES, J. R. (1964): Ground Water Maps of the Kingdom of Libya. — US Geological Survey. Open-Film-Report

KANTER, H. (1965 a): Die Serir Kalanscho in Libyen, eine Landschaft der Vollwüste. — P. M., 109

KANTER, H. (1965 b): Wüstenreise von Benghasi nach Kufra 1957-58. — Geogr. Rdsch., H. 4

KILLAN, Ch. (1947): Sur la nebkha; a Tamarix aphylla du Centre Fezzanais et son huminification en particulier. Biologie végétale au Fezzan. — Mission scientifique du Fezzan. Institut des Recherches Sahariennes université d'Alger

KING, H. G. (1913): Travels in the Libyan Desert. — Geogr. Journ.

KLITZSCH, E. (1965): Zur regionalgeologischen Position des Tibesti Massivs. — Max Richter Festschr. Clausthal-Zellerfeld

KLITZSCH, E. (1966): Bericht über starke Niederschläge in der Zentralsahara (Herbst 1963). — Z. f. G., N.F., Bd. 10

KLITZSCH, E. (1967): Bericht über eine Ost-Westquerung der Zentralsahara. — Z. f. G., N.F., Bd. 11

KLITZSCH, E. (1968): Der Basaltvulkanismus des Djebel Haroudj. — Geol. Rdsch., Bd. 57

KLITZSCH, E. (1970): Die Strukturgeschichte der Zentralsahara. Neue Erkenntnisse zum Bau und zur Paläogeographie eines Tafellandes. — Geol. Rdsch., Bd. 59

KNETSCH, G. (1950): Beobachtungen in der libyschen Sahara. — Geol. Rdsch., Bd. 38

KNETSCH, G. (1960): Über aride Verwitterung usw. — Z. f. G., N.F., Suppl. Bd. 1-24

KRUMBEIN, W. E. (1969): Über den Einfluß der Mikroflora auf die exogene Dynamik (Verwitterung und Krustenbildung). — Geol. Rdsch., Bd. 58

KUBIENA, W. (1955): Über die Braunlehmrelikte des Atakor (Hoggar-Gebirge, Zentral-Sahara). — Erdk. 9

LELUBRE, M. (1946): Le Tibesti septentrional. Esquisse morphologique et structurale. — C. R. Acad. Sci. colon. 6, Paris

LELUBRE, M. (1948): Contribution à la préhistoire du Sahara. Les peintures rupestres du Dohone (Tibesti Nord-Oriental). — Bull. Soc. Préhis. Francaise 45, Nr. 5

LELUBRE, M. (1950): L'exploration du Dohone (Tibesti nord-oriental). — T. I. R. S., T. XI

LELUBRE, M. (1952): Conditions structurales et formes de relief dans le Sahara. — T. I. R. S., T. VIII

LELUBRE, M. (1952): Aperçu sur la Géologie du Fezzan. — Bull. Serv. Carte Géol. Algérie, Trav. Réc. collats III, 109-148, Alger

LEOPOLD, L. B., WOLMAN, M. G., MILLER, J. P. (1964): Fluvial processes in Geomorphology. — San Francisco and London

LOBOVA, H. (1956): Géographie des sols de la zone désertique de l'URSS. — VIe Congrès Intern. Sci. Sol. Vol. E. Paris

MACHATSCHEK, F. (1955): Das Relief der Erde. — Bd. II, Berlin

MAINGUET, M. (1968): Le Borkou. Aspects d'un modèle éolien. — Ann. Géogr. 421, Paris

MALEY, J., COHEN, J., FAURE, H., ROGNON, P., et VINCENT, P. M. (1970): Quelques formations lacustres et fluviatiles associées à différentes phases du volcanisme au Tibesti (nord du Tchad). — Cah. ORSTOM, sér. Géologie, vol. II, No. 1

MAUNY, R. (1956): Préhistoire et zoologie: la grande „faune éthiopienne" du Nord-Ouest africaine du paléolithique à nos jours. — Bull. Inst. Franc. d'Afrique Noire (série A), 18

MECKELEIN, W. (1959): Forschungen in der zentralen Sahara, I. Klimamorphologie. — Braunschweig

MECKELEIN, W. (1961): Zum Problem der klimageomorphologischen Gliederung der Wüste. — XIXth Intern. Geographical Congress Stockholm 1960 Separat. Geogr. Inst. TH., Stuttgart

MENSCHING, H. (1958): Glacis-Fußflächen-Pediment. — Z. f. G., N.F., Bd. 2

MENSCHING, H. (1968): Bergfußflächen und das System der Flächenbildung in den ariden Subtropen und Tropen. — Geol. Rdsch., Bd. 58

MENSCHING, H., STUCKMANN, G., GIESSNER, K. (1970): Sudan Sahal Sahara. Geomorphologische Beobachtungen auf einer Forschungsexpedition nach West- und Nordafrika 1969. — Jahrbuch d. Geogr. Gesell. zu Hannover für 1969. Hannover

MOLLE, H. G. (1969): Terrassenuntersuchungen im Gebiet des Enneri Zoumri (Tibestigebirge). — Berliner Geogr. Abh., H. 8

MONOD, T. (1948): Reconnaissance au Dohone. In: Mission Sc. Fezzan. I. R. S. Alger 2, VI

MONTERIN, U. (1932): Relazione delle richerche compiute della Missione R. S. G. J. nel Sahara libica. — Tibesti II-IV

MORTENSEN, H. (1927): Der Formenschatz der nordchilenischen Wüste. Ein Beitrag zum Gesetz der Wüstenbildung. — Abh. Ges. Wiss. Göttingen, Math.-Phys. Kl. N.F. XII Bln.

MORTENSEN, H. (1930): Probleme der deutschen morphologischen Wüstenforschung. — Naturwissenschaften, 18. Jg., H. 28

MORTENSEN, H. (1933): Die „Salzsprengung" und ihre Bedeutung für die regionalklimatische Gliederung der Wüste. — P. M. 79, Gotha

MUIR, A. (1951): Notes on the soils of Syria. — Journ. Soil Sci. vol. 2, n. 2

MUNSELL (1954): Soil color charts. — Baltimore

NACHTIGAL, G. (1889): Sahara und Sudan. Ergebnisse sechsjähriger Reisen in Afrika. — 3 Bd. Leipzig

OBENAUF, K. P. (1971): Die Enneris Gonoa, Toudoufou, Oudingueur und Nemagayesko im nordwestlichen Tibesti. Beobachtungen zu Formen und zur Formung in den Tälern eines ariden Gebirges. — Berliner Geogr. Abh., H. 12

PACHUR, H. J. (1966): Untersuchungen zur morphoskopischen Sandanalyse. — Berliner Geogr. Abh., H. 4

PACHUR, H. J. (1970): Zur Hangformung im Tibestigebirge (Rép. du Tchad). — Die Erde, 101

PASSARGE, S. (1924 a): Die geologische Wirkung des Windes. In: W. Salomon: Grundzüge der Geologie. — Bd. I, Stuttgart

PASSARGE, S. (1924 b): Vergleichende Landschaftskunde. H. 4: Der heiße Gürtel. — Bd. I, Die Landschaft, Berlin

PESCE, A. (1966): Au en Namus. South Central Libya and Northern Chad. — Petroleum Exploration Society of Libya. Tripoli

PESCE, A. (1968): Gemini Space Photographs of Libya and Tibesti. — Petroleum Exploration Society of Libya, Tripoli

PFALZ, R. (1934): Die Hauptzüge im geologischen Bau Italienisch-Libyens. — Geol. Rdsch., Bd. 25

PFALZ, R. (1938): Beiträge zur Geologie von Italienisch-Libyen. — Z. Dt. Geol. Ges. 90, Bln.

PFALZ, R. (1940): Geomorphologische Probleme in Ital.-Libyen. — Zt. Gesells. Erdkd.

PFANNENSTIEL, M. (1963): Das Quartär der Levante, Teil II. — Akad. d. Wiss. u. Lit. Mainz. Abh. Math.-Nat. Kl. Nr. 7

PILLEWIZER, W., RICHTER, N. (1957): Beschreibung und Kartenaufnahme der Krateroase Wau en Namus. Kartograph. Studien, Haack-Festschrift, Gotha

QUEZEL, P., MARTINEZ, C. (1961): Le dernier interpluvial au Sahara central. — Libyca 6/7

RITTER, W. (1965): Zur Frage des Formenschatzes der „Kernwüsten". — Mitt. d. Österr. Geogr. Gesellschaft, Bd. 107

ROGNON, P. (1967): Le massif de l'Atakor et ses bordures. — Paris

ROHLFS, G. (1880): Zur libyschen Wüste. — P. M. 26, Gotha

ROHLFS, G. (1881): Kufra. Reisen von Tripolis nach der Oase Kufra. — Leipzig

SCHIFFERS, H. (1951): Wasserhaushalt und Problem der Wasserversorgung in der Sahara. — Erdk. H. 5

SCHNEIDER, J. L. (1969): Evolution des derniers lacustres et peuplements préhistoriques aux Pays-Bas du Tchad. — Bull. IFAN. S. a. T. 31, n. 1

SCHNEIDERHÖHN, P. (1954): Eine vergleichende Studie über Methoden zur quantitativen Bestimmung von Abrundung und Form an Sandkörnern (im Hinblick auf die Verwendbarkeit an Dünnschliffen). — Heidelb. Beitr. Min. Petrogr. 4

SCHOLZ, H.: Einige botanische Ergebnisse einer Forschungsreise in die Libysche Sahara (April 1970). — Willdenowia, 6/2. Berlin

SCHWARZBACH, M. (1953): Das Alter der Wüste Sahara. — N. Jb. Geol. Paläont. Mh.

SCHULZ, E. (1973): Zur quartären Vegetationsgeschichte der zentralen Sahara unter Berücksichtigung eigener pollenanalytischer Untersuchungen im Tibesti-Gebirge. — Hausarbeit für die Erste (Wissenschaftliche) Staatsprüfung im Fach Biologie, Unveröffentlicht

SCHWEGLER, E. (1948): Die Böden nordostafrikanischer Wüste und Halbwüsten. — N. Jb. Geol. Paläont. Abt. B, Abh. 89

SEIBOLD, E. (1964): Beobachtungen zur Schichtung in Sedimenten am Westrand der Great Bahama Bank. — N. Jb. Geol. Paläont. Abh. 120

SERVANT, M., SERVANT, S., Delibras, G. (1969): Chronologie du Quaternaire récent des basses régions du Tchad. — C. R. acad. Sci. Paris

SERVANT, M., SERVANT, S. (1970): Les formations et les diatomées du Quaternaire récent du fond de la cuvette Tchadienne. — Revue du Géographie physique et de Géologie dynamique, V. XII

SPARKS, B. W. und GROVE, A. T. (1961): Some Quaternary fossil non-marine Mollusca from the Central Sahara. — Journ. Linnean Soc. V. XLIV, London

STAPFF, H. (1887): Das untere Khuisebthal und sein Strandgebiet. — Verh. Ges. f. Erdk. Bln.

STEPHENS, C. G. (1962): A manual of Australian soils. — Melbourne

SUNDBORG, A. (1955): Meteorological and climatological conditions for the genesis of aeolian sediments. — Geogr. Anal., Nr. 103

THORBECKE, F. (1926): Morphologie der Klimazonen. — Düsseldorfer Geogr. Vorträge u. Erörterungen Tagung Gesell. dt. Naturf. u. Ärzte i. Düsseldorf

TILHO, J. (1920): The exploration of Tibesti, Borkou Ennedi in 1912-1917. — Geogr. Journ. 56, London

TRÖGER, W. E. (1967): Optische Bestimmung der gesteinsbildenden Mineralien Teil II. — Stuttgart

TRÖGER, W. E. (1956): Tabellen zur optischen Bestimmung der gesteinsbildenden Minerale. — Stuttgart

UNESCO (1968): Carte tectonique internationale de l'Afrique 1 : 5 Mill. — Inst. Geogr. Nat. Paris

VANNEY, J. R. (1967): Die Starkregen in Wüstengebieten, ein Beispiel aus der Sahara. — P. M. 97

VINCENT, P. M. (1963): Les volcans tertiaires et quaternaires du Tibesti Occidental et Central (Sahara du Tchad). — Mem. Bur. Rech. Géol. Min. 23, Paris

VINCENT, P. M. (1970): The evolution of the Tibesti Volcanic Province, eastern Sahara. — African magmatism and tectonics edited by T. N. Clifford and J. G. Gass

WACRENIER, P. (1956): Borkou-Ennedi-Tibesti. — Bull. Rech. Géol. Min. A. E. F. 7, 101-108, Paris

WACRENIER, P. (1958): Notice explicative de la carte géologique provisoire du Borkou-Ennedi-Tibesti au 1 : 1 Mill. — Inst. équator. rech. et d'étud. géol. et min. 1-24, Brazzaville

WACRENIER, P. (1959): Borkou Ennedi Tibesti. — Bull. Dir. Min. Géol. Brazzaville 12, 63-70

WALTER, J. (1924): Das Gesetz d. Wüstenbildung in Gegenwart und Vorzeit. — 4. Aufl. Leipzig

WILHELMY, H. (1958): Klimamorphologie der Massengesteine. — Braunschweig

ZEUNER, F. F. (1952): Mediterranean and tropical pluvials. — Proc. 1st Panafr. Congr. ou Préh. Nairobi 1947, Oxford

ZIEGERT, H. (1967): Dor el Gussa und Gebel Ben Ghnemah. — Wiesbaden

ZIEGERT, H. (1969): Gebel Ben Ghnemah und Nord-Tibesti. — Wiesbaden

# Verzeichnis

der bisher erschienenen Aufsätze (A), Mitteilungen (M) und Monographien (Mo)
aus der Forschungsstation Bardai/Tibesti

BÖTTCHER, U. (1969): Die Akkumulationsterrassen im Ober- und Mittellauf des Enneri Misky (Südtibesti). Berliner Geogr. Abh., Heft 8, S. 7-21, 5 Abb., 9 Fig., 1 Karte. Berlin. (A)

BÖTTCHER, U.; ERGENZINGER, P.-J.; JAECKEL, S. H. (†) und KAISER, K. (1972): Quartäre Seebildungen und ihre Mollusken-Inhalte im Tibesti-Gebirge und seinen Rahmenbereichen der zentralen Ostsahara. Zeitschr. f. Geomorph., N. F., Bd. 16, Heft 2, S. 182-234. 4 Fig., 4 Tab., 3 Mollusken-Tafeln, 15 Photos. Stuttgart. (A)

BRUSCHEK, G. J. (1972): Vulkanische Bauformen im zentralen Tibesti-Gebirge, Soborom—Souradom—Tarso Voon, und die postvulkanischen Erscheinungen von Soborom. Berliner Geogr. Abh., Heft 16, S. 37-58. Berlin. (A)

BUSCHE, D. (1972): Untersuchungen an Schwemmfächern auf der Nordabdachung des Tibestigebirges (République du Tchad). Berliner Geogr. Abh., Heft 16, S. 113-123. Berlin. (A)

BUSCHE, D. (1972): Untersuchungen zur Pedimententwicklung im Tibesti-Gebirge (République du Tchad). Zeitschr. f. Geomorph., N. F., Suppl.-Bd. 15, S. 21-38. Stuttgart. (A)

ERGENZINGER, P. (1966): Road Log Bardai — Trou au Natron (Tibesti). In: South-Central Libya and Northern Chad, ed. by J. J. WILLIAMS and E. KLITZSCH, Petroleum Exploration Society of Libya, S. 89-94. Tripoli. (A)

ERGENZINGER, P. (1967): Die natürlichen Landschaften des Tschadbeckens. Informationen aus Kultur und Wirtschaft. Deutsch-tschadische Gesellschaft (KW) 8/67. Bonn. (A)

ERGENZINGER, P. (1968): Vorläufiger Bericht über geomorphologische Untersuchungen im Süden des Tibestigebirges. Zeitschr. f. Geomorph., N. F., Bd. 12, S. 98-104. Berlin. (A)

ERGENZINGER, P. (1968): Beobachtungen im Gebiet des Trou au Natron/Tibestigebirge. Die Erde, Zeitschr. d. Ges. f. Erdkunde zu Berlin, Jg. 99, S. 176-183. (A)

ERGENZINGER, P. (1969): Rumpfflächen, Terrassen und Seeablagerungen im Süden des Tibestigebirges. Tagungsber. u. wiss. Abh. Deut. Geographentag, Bad Godesberg 1967, S. 412-427. Wiesbaden. (A)

ERGENZINGER, P. (1969): Die Siedlungen des mittleren Fezzan (Libyen). Berliner Geogr. Abh., Heft 8, S. 59-82, Tab., Fig., Karten. Berlin. (A)

ERGENZINGER, P. (1972): Reliefentwicklung an der Schichtstufe des Massiv d'Abo (Nordwesttibesti). Zeitschr. f. Geomorph., N. F., Suppl.-Bd. 15, S. 93-112. Stuttgart. (A)

GABRIEL, B. (1970): Bauelemente präislamischer Gräbertypen im Tibesti-Gebirge (Zentrale Ostsahara). Acta Praehistorica et Archaeologica, Bd. 1, S. 1-28, 31 Fig. Berlin. (A)

GABRIEL, B. (1972): Neuere Ergebnisse der Vorgeschichtsforschung in der östlichen Zentralsahara. Berliner Geogr. Abh., Heft 16, S. 181-186. Berlin. (A)

GABRIEL, B. (1972): Terrassenentwicklung und vorgeschichtliche Umweltbedingungen im Enneri Dirennao (Tibesti, östliche Zentralsahara). Zeitschr. f. Geomorph., N. F., Suppl.-Bd. 15, S. 113-128. 4 Fig., 4 Photos. Stuttgart. (A)

GAVRILOVIC, D. (1969): Inondations de l'ouadi de Bardagé en 1968. Bulletin de la Société Serbe de Géographie, T. XLIX, No. 2, p. 21-37. Belgrad (In Serbisch). (A)

GAVRILOVIC, D. (1969): Klima-Tabellen für das Tibesti-Gebirge. Niederschlagsmenge und Lufttemperatur. Berliner Geogr. Abh., Heft 8, S. 47-48. Berlin. (M)

GAVRILOVIC, D. (1969): Les cavernes de la montagne de Tibesti. Bulletin de la Société Serbe de Géographie, T. XLIX, No. 1, p. 21-31. 10 Fig. Belgrad. (In Serbisch mit ausführlichem franz. Résumé.) (A)

GAVRILOVIC, D. (1970): Die Überschwemmungen im Wadi Bardagué im Jahr 1968 (Tibesti, Rép. du Tchad). Zeitschr. f. Geomorph., N. F., Bd. 14, Heft 2, S. 202-218, 1 Fig., 8 Abb., 5 Tabellen. Stuttgart. (A)

GRUNERT, J. (1972): Die jungpleistozänen und holozänen Flußterrassen des oberen Enneri Yebbigué im zentralen Tibesti-Gebirge (Rép. du Tchad) und ihre klimatische Deutung. Berliner Geogr. Abh., Heft 16, S. 124-137. Berlin. (A)

GRUNERT, J. (1972): Zum Problem der Schluchtbildung im Tibesti-Gebirge (Rép. du Tchad). Zeitschr. f. Geomorph., N. F., Suppl.-Bd. 15, S. 144-155. Stuttgart. (A)

HAGEDORN, H. (1965): Forschungen des II. Geographischen Instituts der Freien Universität Berlin im Tibesti-Gebirge. Die Erde, Jg. 96, Heft 1, S. 47-48. Berlin. (M)

HAGEDORN, H. (1966): Landforms of the Tibesti Region. In: South-Central Libya and Northern Chad, ed. by J. J. WILLIAMS and E. KLITZSCH, Petroleum Exploration Society of Libya, S. 53-58. Tripoli. (A)

HAGEDORN, H. (1966): The Tibu People of the Tibesti Moutains. In: South-Central Libya and Northern Chad, ed. by J. J. WILLIAMS and E. KLITZSCH, Petroleum Exploration Society of Libya, S. 59-64. Tripoli. (A)

HAGEDORN, H. (1966): Beobachtungen zur Siedlungs- und Wirtschaftsweise der Toubous im Tibesti-Gebirge. Die Erde, Jg. 97, Heft 4, S. 268-288. Berlin. (A)

HAGEDORN, H. (1967): Beobachtungen an Inselbergen im westlichen Tibesti-Vorland. Berliner Geogr. Abh., Heft 5, S. 17-22, 1 Fig., 5 Abb. Berlin. (A)

HAGEDORN, H. (1967): Siedlungsgeographie des Sahara-Raums. Afrika-Spectrum, H. 3, S. 48 bis 59. Hamburg. (A)

HAGEDORN, H. (1968): Über äolische Abtragung und Formung in der Südost-Sahara. Ein Beitrag zur Gliederung der Oberflächenformen in der Wüste. Erdkunde, Bd. 22, H. 4, S. 257-269. Mit 4 Luftbildern, 3 Bildern und 5 Abb. Bonn. (A)

HAGEDORN, H. (1969): Studien über den Formenschatz der Wüste an Beispielen aus der Südost-Sahara. Tagungsber. u. wiss. Abh. Deut. Geographentag, Bad Godesberg 1967, S. 401-411, 3 Karten, 2 Abb. Wiesbaden. (A)

HAGEDORN, H. (1970): Quartäre Aufschüttungs- und Abtragungsformen im Bardagué-Zoumri-System (Tibesti-Gebirge). Eiszeitalter und Gegenwart, Jg. 21.

HAGEDORN, H. (1971): Untersuchungen über Relieftypen arider Räume an Beispielen aus dem Tibesti-Gebirge und seiner Umgebung. Habilitationsschrift an der Math.-Nat. Fakultät der Freien Universität Berlin. Zeitschr. f. Geomorph. Suppl.-Bd. 11, 251 S. (Mo)

HAGEDORN, H.; JÄKEL, D. (1969): Bemerkungen zur quartären Entwicklung des Reliefs im Tibesti-Gebirge (Tchad). Bull. Ass. sénég. Quatern. Ouest afr., no. 23, novembre 1969, p. 25-41. Dakar. (A)

HAGEDORN, H.; PACHUR, H.-J. (1971): Observations on Climatic Geomorphology and Quaternary Evolution of Landforms in South Central Libya. In: Symposium on the Geology of Libya, Faculty of Science, University of Libya, p. 387-400. 14. Fig. Tripoli. (A)

HECKENDORFF, W. D. (1972): Zum Klima des Tibestigebirges. Berliner Geogr. Abh., Heft 16, S. 145-164. Berlin. (A)

HERRMANN, B.; GABRIEL, B. (1972): Untersuchungen an vorgeschichtlichem Skelettmaterial aus dem Tibestigebirge (Sahara). Berliner Geogr. Abh., Heft 16, S. 165-180. Berlin. (A)

HÖVERMANN, J. (1963): Vorläufiger Bericht über eine Forschungsreise ins Tibesti-Massiv. Die Erde, Jg. 94, Heft 2, S. 126-135. Berlin. (M)

HÖVERMANN, J. (1965): Eine geomorphologische Forschungsstation in Bardai/Tibesti-Gebirge. Zeitschr. f. Geomorph. NF, Bd. 9, S. 131. Berlin. (M)

HÖVERMANN, J. (1967): Hangformen und Hangentwicklung zwischen Syrte und Tschad. Les congrés et colloques de l'Université de Liège, Vol. 40. L'évolution des versants, S. 139-156. Liège. (A)

HÖVERMANN, J. (1967): Die wissenschaftlichen Arbeiten der Station Bardai im ersten Arbeitsjahr (1964/65). Berliner Geogr. Abh., Heft 5, S. 7-10. Berlin. (A)

HÖVERMANN, J. (1971): Die periglaziale Region des Tibesti und ihr Verhältnis zu angrenzenden Formungsregionen. Manuskript, Poser Festschrift 1972. Im Druck.

HÖVERMANN, J. (1972): Die periglaziale Region des Tibesti und ihr Verhältnis zu angrenzenden Formungsregionen. Göttinger Geogr. Abh., Heft 60 (Hans-Poser-Festschr.), S. 261-283. 4 Abb. Göttingen. (A)

INDERMÜHLE, D. (1972): Mikroklimatische Untersuchungen im Tibesti-Gebirge (Sahara). Hochgebirgsforschung — High Mountain Research, Heft 2, S. 121-142. Univ. Vlg. Wagner. Innsbruck—München. (A)

JÄKEL, D. (1967): Vorläufiger Bericht über Untersuchungen fluviatiler Terrassen im Tibesti-Gebirge. Berliner Geogr. Abh., Heft 5, S. 39-49, 7 Profile, 4 Abb. Berlin. (A)

JÄKEL, D. (1971): Erosion und Akkumulation im Enneri Bardagué-Arayé des Tibesti-Gebirges (zentrale Sahara) während des Pleistozäns und Holozäns. Berliner Geogr. Abh., Heft 10, 52 S. Berlin. (Mo)

JÄKEL, D.; SCHULZ, E. (1972): Spezielle Untersuchungen an der Mittelterrasse im Enneri Tabi, Tibesti-Gebirge. Zeitschr. f. Geomorph., N. F., Suppl.-Bd. 15, S. 129-143. Stuttgart. (A)

JANKE, R. (1969): Morphographische Darstellungsversuche in verschiedenen Maßstäben. Kartographische Nachrichten, Jg. 19, H. 4, S. 145-151. Gütersloh (A)

JANNSEN, G. (1969): Einige Beobachtungen zu Transport- und Abflußvorgängen im Enneri Bardagué bei Bardai in den Monaten April, Mai und Juni 1966. Berliner Geogr. Abh., Heft 8, S. 41-46, 3 Fig., 3 Abb. Berlin. (A)

JANNSEN, G. (1970): Morphologische Untersuchungen im nördlichen Tarso Voon (Zentrales Tibesti). Berliner Geogr. Abh., Heft 9, 36 S. Berlin. (Mo)

JANNSEN, G. (1972): Periglazialerscheinungen in Trockengebieten — ein vielschichtiges Problem. Zeitschr. f. Geomorph., N. F., Suppl.-Bd. 15, S. 167-176. Stuttgart. (A)

KAISER, K. (1967): Ausbildung und Erhaltung von Regentropfen-Eindrücken. In: Sonderveröff. Geol. Inst. Univ. Köln (Schwarzbach-Heft), Heft 13, S. 143-156, 1 Fig., 7 Abb. Köln. (A)

KAISER, K. (1970): Über Konvergenzen arider und „periglazialer" Oberflächenformung und zur Frage einer Trockengrenze solifluidaler Wirkungen am Beispiel des Tibesti-Gebirges in der zentralen Ostsahara. Abh. d. 1. Geogr. Inst. d. FU Berlin, Neue Folge, Bd. 13, S. 147-188, 15 Photos, 4 Fig., Dietrich Reimer, Berlin. (A)

KAISER, K. (1971): Beobachtungen über Fließmarken an leeseitigen Barchan-Hängen. Kölner Geogr. Arb. (Festschrift für K. KAYSER), 2 Photos, S. 65-71. Köln. (A)

KAISER, K. (1972): Der känozoische Vulkanismus im Tibesti-Gebirge. Berliner Geogr. Abh., Heft 16, S. 7-36. Berlin. (A)

KAISER, K. (1972): Prozesse und Formen der ariden Verwitterung am Beispiel des Tibesti-Gebirges und seiner Rahmenbereiche in der zentralen Sahara. Berliner Geogr. Abh., Heft 16, S. 59—92. Berlin. (A)

LIST, F. K.; STOCK, P. (1969): Photogeologische Untersuchungen über Bruchtektonik und Entwässerungsnetz im Präkambrium des nördlichen Tibesti-Gebirges, Zentral-Sahara, Tschad. Geol. Rundschau, Bd. 59, H. 1, S. 228-256, 10 Abb., 2 Tabellen. Stuttgart. (A)

LIST, F. K.; HELMCKE, D. (1970): Photogeologische Untersuchungen über lithologische und tektonische Kontrolle von Entwässerungssystemen im Tibesti-Gebirge (Zentrale Sahara, Tschad). Bildmessung und Luftbildwesen, Heft 5, 1970, S. 273-278. Karlsruhe.

MESSERLI, B. (1970): Tibesti — zentrale Sahara. Möglichkeiten und Grenzen einer Satellitenbild-Interpretation. Jahresbericht d. Geogr. Ges. von Bern, Bd. 49, Jg. 1967-69. Bern. (A)

MESSERLI, B. (1972): Formen und Formungsprozesse in der Hochgebirgsregion des Tibesti. Hochgebirgsforschung — High Mountain Research, Heft 2, S. 23-86. Univ. Vlg. Wagner. Innsbruck—München. (A)

MESSERLI, B. (1972): Grundlagen [der Hochgebirgsforschung im Tibesti]. Hochgebirgsforschung — High Mountain Research, Heft 2, S. 7-22. Univ. Vlg. Wagner. Innsbruck—München. (A)

MESSERLI, B.; INDERMÜHLE, D. (1968): Erste Ergebnisse einer Tibesti-Expedition 1968. Verhandlungen der Schweizerischen Naturforschenden Gesellschaft 1968, S. 139-142. Zürich. (M)

MESSERLI, B.; INDERMÜHLE, D.; ZURBUCHEN, M. (1970): Emi Koussi — Tibesti. Eine topographische Karte vom höchsten Berg der Sahara. Berliner Geogr. Abh., Heft 16, S. 138 bis 144. Berlin. (A)

MOLLE, H. G. (1969): Terrassenuntersuchungen im Gebiet des Enneri Zoumri (Tibestigebirge). Berliner Geogr. Abh., Heft 8, S. 23-31, 5 Fig. Berlin. (A)

MOLLE, H. G. (1971): Gliederung und Aufbau fluviatiler Terrassenakkumulationen im Gebiet des Enneri Zoumri (Tibesti-Gebirge). Berliner Geogr. Abh., Heft 13. Berlin. (Mo)

OBENAUF, K. P. (1967): Beobachtungen zur pleistozänen und holozänen Talformung im Nordwest-Tibesti. Berliner Geogr. Abh., Heft 5, S. 27-37, 5 Abh., 1 Karte. Berlin. (A)

OBENAUF, K. P. (1971): Die Enneris Gonoa, Toudoufou, Oudingueur und Nemagayesko im nordwestlichen Tibesti. Beobachtungen zu Formen und zur Formung in den Tälern eines ariden Gebirges. Berliner Geogr. Abh., Heft 12, 70 S. Berlin. (Mo)

PACHUR, H. J. (1967): Beobachtungen über die Bearbeitung von feinkörnigen Sandakkumulationen im Tibesti-Gebirge. Berliner Geogr. Abh., Heft 5, S. 23-25. Berlin. (A)

PACHUR, H. J. (1970): Zur Hangformung im Tibestigebirge (République du Tchad). Die Erde, Jg. 101, H. 1, S. 41-54, 5 Fig., 6 Bilder, de Gruyter, Berlin. (A)

PÖHLMANN, G. (1969): Eine Karte der Oase Bardai im Maßstab 1 : 4000. Berliner Geogr. Abh., Heft 8, S. 33-36, 1 Karte. Berlin. (A)

PÖHLMANN, G. (1969): Kartenprobe Bardai 1 : 25 000. Berliner Geogr. Abh., Heft 8, S. 36-39, 2 Abb., 1 Karte. Berlin. (A)

ROLAND, N. W. (1971): Zur Altersfrage des Sandsteines bei Bardai (Tibesti, Rép. du Tchad). 4 Abb. N. Jb. Geol. Paläont., Mh., S. 496-506. (A)

SCHOLZ, H. (1966): Beitrag zur Flora des Tibesti-Gebirges (Tschad). Willdenowia, 4/2, S. 183 bis 202. Berlin. (A)

SCHOLZ, H. (1966): Die Ustilagineen des Tibesti-Gebirges (Tschad). Willdenowia, 4/2, S. 203 bis 204. Berlin. (A)

SCHOLZ, H. (1966): Quezelia, eine neue Gattung aus der Sahara (Cruziferae, Brassiceae, Vellinae). Willdenowia, 4/2, S. 205-207. Berlin. (A)

SCHOLZ, H. (1971): Einige botanische Ergebnisse einer Forschungsreise in die libysche Sahara (April 1970). Willdenowia, 6/2, S. 341-369. Berlin. (A)

STOCK, P. (1972): Photogeologische und tektonische Untersuchungen am Nordrand des Tibesti-Gebirges, Zentralsahara, Tchad. Berliner Geogr. Abh., Heft 14. Berlin. (Mo)

STOCK, P.; PÖHLMANN, G. (1969): Ofouni 1 : 50 000. Geologisch-morphologische Luftbildinterpretation. Selbstverlag G. Pöhlmann, Berlin.

VILLINGER, H. (1967): Statistische Auswertung von Hangneigungsmessungen im Tibesti-Gebirge. Berliner Geogr. Abh., Heft 5, S. 51-65, 6 Tabellen, 3 Abb. Berlin. (A)

ZURBUCHEN, M.; MESSERLI, B. und INDERMÜHLE, D. (1972): Emi Koussi — eine Topographische Karte vom höchsten Berg der Sahara. Hochgebirgsforschung — High Mountain Research, Heft 2, S. 161-179. Univ. Vlg. Wagner. Innsbruck—München. (A)

*Unveröffentlichte bzw. im Druck befindliche Arbeiten:*

BÖTTCHER, U. (1968): Erosion und Akkumulation von Wüstengebirgsflüssen während des Pleistozäns und Holozäns im Tibesti-Gebirge am Beispiel von Misky-Zubringern. Unveröffentlichte Staatsexamensarbeit im Geomorph. Lab. der Freien Universität Berlin. Berlin.

BRIEM, E. (1971): Beobachtungen zur Talgenese im westlichen Tibesti-Gebirge. Dipl.-Arbeit am II. Geogr. Institut d. FU Berlin. Manuskript.

BRUSCHEK, G. (1969): Die rezenten vulkanischen Erscheinungen in Soborom, Tibesti, Rép. du Tchad, 27 S. und Abb. (Les Phénomenes volcaniques récentes à Soborom, Tibesti, Rép. du Tchad.) Ohne Abb. Manuskript. Berlin/Fort Lamy.

BRUSCHEK, G. (1970): Geologisch-vulkanologische Untersuchungen im Bereich des Tarso Voon im Tibesti-Gebirge (Zentrale Sahara). Diplom-Arbeit an der FU Berlin. 189 S., zahlr. Abb. Berlin.

BUSCHE, D. (1968): Der gegenwärtige Stand der Pedimentforschung (unter Verarbeitung eigener Forschungen im Tibesti-Gebirge). Unveröffentlichte Staatsexamensarbeit am Geomorph. Lab. der Freien Universität Berlin. Berlin.

BUSCHE, D. (1972): Die Entstehung von Pedimenten und ihre Überformung, untersucht an Beispielen aus dem Tibesti-Gebirge, République du Tchad. Unveröff. Diss. am FB 24 der FU Berlin. 208 S.

ERGENZINGER, P. (1971): Das südliche Vorland des Tibesti. Beiträge zur Geomorphologie der südlichen zentralen Sahara. Habilitationsschrift an der FU Berlin vom 28. 2. 1971. Manuskript 173 S., zahlr. Abb., Diagramme, 1 Karte (4 Blätter). Berlin.

GABRIEL, B. (1970): Die Terrassen des Enneri Dirennao. Beiträge zur Geschichte eines Trockentales im Tibesti-Gebirge. Diplom-Arbeit am II. Geogr. Inst. d. FU Berlin. 93 S. Berlin.

GABRIEL, B. (1972): Von der Routenaufnahme zum Gemini-Photo. — Die Tibestiforschung seit Gustav Nachtigal. Mit 5 Abb., 8 Karten und ausführlicher Bibliographie. Ca. 60 S., im Druck: Kartographische Miniaturen Nr. 5. Kiepert KG, Berlin.

GABRIEL, B. (1972): Zur Situation der Vorgeschichtsforschung im Tibestigebirge. In: E. M. Van Zinderen Bakker (ed.): Paleoecology of Africa (im Druck). (A)

GABRIEL, B. (1972): Zur Vorzeitfauna des Tibestigebirges. In: E. M. Van Zinderen Bakker (ed.): Paleoecology of Africa (im Druck). (A)

GEYH, M. A.; JÄKEL, D. (1972): Die spätpleistozäne und holozäne Klimageschichte Nordafrikas auf Grund zugänglicher 14-C-Daten (in Vorbereitung).

GRUNERT, J. (1970): Erosion und Akkumulation von Wüstengebirgsflüssen. — Eine Auswertung eigener Feldarbeiten im Tibesti-Gebirge. Hausarbeit im Rahmen der 1. (wiss.) Staatsprüfung für das Amt des Studienrats. Manuskript am II. Geogr. Institut der FU Berlin (127 S., Anlage: eine Kartierung im Maßstab 1 : 25 000).

HABERLAND, W. (1970): Vorkommen von Krusten, Wüstenlacken und Verwitterungshäuten sowie einige Kleinformen der Verwitterung entlang eines Profils von Misratah (an der libyschen Küste) nach Kanaya (am Nordrand des Erg de Bilma). Diplom-Arbeit am II. Geogr. Institut d. FU Berlin. Manuskript, 60 S.

HECKENDORFF, W. D. (1969): Witterung und Klima im Tibesti-Gebirge. Unveröffentlichte Staatsexamensarbeit am Geomorph. Labor der Freien Universität Berlin, 217 S. Berlin.

HECKENDORFF, W. D. (1972): Zum Klima des Tibesti-Gebirges. In: H. SCHIFFERS (Hrsg.): Die Sahara und ihre Randgebiete, Bd. III, Weltforum-Vlg., München. Im Druck.

HECKENDORFF, W. D. (1972): Eine Wolkenstraße im Tibesti-Gebirge. In: H. SCHIFFERS (Hrsg.): Die Sahara und ihre Randgebiete, Bd. III, Weltforum-Vlg., München. Im Druck.

INDERMÜHLE, D. (1969): Mikroklimatologische Untersuchungen im Tibesti-Gebirge. Dipl.-Arb. am Geogr. Institut d. Universität Bern.

JANKE, R. (1969): Morphographische Darstellungsversuche auf der Grundlage von Luftbildern und Geländestudien im Schieferbereich des Tibesti-Gebirges. Dipl.-Arbeit am Lehrstuhl f. Kartographie d. FU Berlin. Manuskript, 38 S.

KAISER, K. (1972): Das Tibesti-Gebirge in der zentralen Ostsahara und seine Rahmenbereiche. Geologie und Naturlandschaft. — In: SCHIFFERS, H. (Hrsg.): Die Sahara und ihre Randgebiete, Bd. III, 140 Manuskript-Seiten, 1 Karte und 1 Tab. je als Falttafel, 3 Karten und 9 Profile als Text-Fig., 40 Photos auf 6 Photo-Tafeln, Autoren-, Orts- und Sachregister, Weltforum-Verlag, München. Im Druck.

KAISER, K. (1972): Die Gonoa-Talungen im Tibesti-Gebirge der zentralen Ostsahara. Über Talformungsprozesse in einem Wüstengebirge. Ca. 50 S. Mskr., 1 Karte, 14 Fig., 12 Photos, 2 Tab. In Vorbereitung.

PACHUR, H. J. (1970): Zur spätpleistozänen und frühholozänen geomorphologischen Formung auf der Nordabdachung des Tibestigebirges. Im Druck.

PACHUR, H. J. (1972): Geomorphologische Untersuchungen in der Serir Tibesti. Habil.-Schrift am Fachbereich 24, Geowissenschaften, der FU Berlin.

SCHULZ, E. (1970): Bericht über pollenanalytische Untersuchungen quartärer Sedimente aus dem Tibesti-Gebirge und dessen Vorland. Manuskript am Geomorph. Labor d. FU Berlin.

SCHULZ, E. (1972): Pollenanalytische Untersuchungen pleistozäner und holozäner Sedimente des Tibesti-Gebirges (zentrale Sahara). In: E. M. Van Zinderen Bakker (ed.): Paleoecology of Africa (im Druck). (A)

STRUNK-LICHTENBERG, G.; OKRUSCH, M. und GABRIEL, B. (1972): Prähistorische Keramik aus dem Tibesti (Sahara). Physikalische und petrographische Untersuchungen. Vortrag auf der 50. Jahrestagung der Deutschen Mineralog. Gesellschaft, Karlsruhe. Zur Veröff. in: Zeitschr. der Deutschen Keramischen Gesellschaft.

TETZLAFF, M. (1968): Messungen solarer Strahlung und Helligkeit in Berlin und in Bardai (Tibesti). Dipl.-Arbeit am Institut f. Meteorologie d. FU Berlin.

VILLINGER, H. (1966): Der Aufriß der Landschaften im hochariden Raum. — Probleme, Methoden und Ergebnisse der Hangforschung, dargelegt aufgrund von Untersuchungen im Tibesti-Gebirge. Unveröffentlichte Staatsexamensarbeit am Geom. Labor der Freien Universität Berlin.

*Arbeiten, in denen Untersuchungen aus der Forschungsstation Bardai in größerem Umfang verwandt worden sind:*

KALLENBACH, H. (1972): Petrographie ausgewählter quartärer Lockersedimente und eisenreicher Krusten der libyschen Sahara. Berliner Geogr. Abh., Heft 16, S. 93-112. Berlin. (A)

KLAER, W. (1970): Formen der Granitverwitterung im ganzjährig ariden Gebiet der östlichen Sahara (Tibesti). Tübinger Geogr. Stud., Bd. 34 (Wilhelmy-Festschr.), S. 71-78. Tübingen. (A)

PACHUR, H. J. (1966): Untersuchungen zur morphoskopischen Sandanalyse. Berliner Geographische Abhandlungen, Heft 4, 35 S. Berlin.

REESE, D. (1972): Zur Petrographie vulkanischer Gesteine des Tibesti-Massivs (Sahara). Dipl.-Arbeit am Geol.-Mineral. Inst. d. Univ. Köln, 143 S.

SCHINDLER, P.; MESSERLI, B. (1972): Das Wasser der Tibesti-Region. Hochgebirgsforschung — High Mountain Research, Heft 2, S. 143-152. Univ. Vlg. Wagner. Innsbruck—München. (A)

SIEGENTHALER, U.; SCHOTTERER, U.; OESCHGER, H. und MESSERLI, B. (1972): Tritiummessungen an Wasserproben aus der Tibesti-Region. Hochgebirgsforschung — High Mountain Research, Heft 2, S. 153-159. Univ. Vlg. Wagner. Innsbruck—München. (A)

VERSTAPPEN, H. Th.; VAN ZUIDAM, R. A. (1970): Orbital Photography and the Geosciences — a geomorphological example from the Central Sahara. Geoforum 2, p. 33-47, 8 Fig. (A)

WINIGER, M. (1972): Die Bewölkungsverhältnisse der zentral-saharischen Gebirge aus Wettersatellitenbildern. Hochgebirgsforschung — High Mountain Research, Heft 2, S. 87-120. Univ. Vlg. Wagner. Innsbruck—München. (A)

WITTE, J. (1970): Untersuchungen zur Tropenakklimatisation (Orthostatische Kreislaufregulation, Wasserhaushalt und Magensäureproduktion in den trocken-heißen Tropen). Med. Diss., Hamburg 1970. Bönecke-Druck, Clausthal-Zellerfeld, 52 S. (Mo)

ZIEGERT, H. (1969): Gebel ben Ghnema und Nord-Tibesti. Pleistozäne Klima- und Kulturenfolge in der zentralen Sahara. Mit 34 Abb., 121 Taf. und 6 Karten, 164 S. Steiner, Wiesbaden.